60分でわかる！

THE BEGINNER'S GUIDE TO BUSINESS FRAMEWORKS

ビジネスフレームワーク

ビジネスフレームワーク研究会 著
松江英夫（中央大学ビジネススクール客員教授）監修

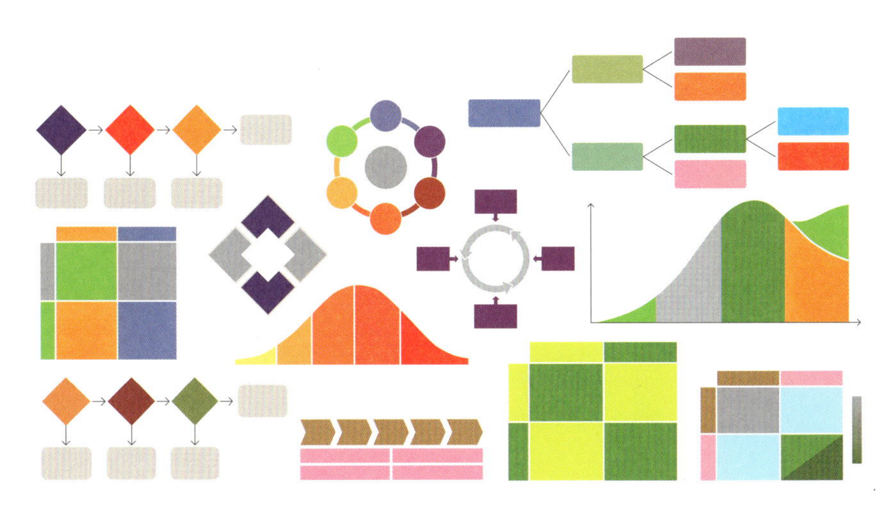

技術評論社

Contents

Part 3

自分を知ってこそ有利な戦いができる

製品やサービスの長所・弱点を分析する

Part 4

敵を知らなければ有利に戦えない

競合や外部環境を分析する

Part 企画に行き詰まったときの処方箋

製品やサービス&販促のアイデアを練る

Part 困ったときに突破口が見えてくる

6

未来をより良くするために課題を解決する

Part 7

もっと強くなるための考え方を身につける！

個人と組織の能力をアップする

Part 8

より効果的にフレームワークを活用する

ツールを組み合わせる&比較して選ぶ

■『ご注意』ご購入・ご利用の前に必ずお読みください

本書に記載された内容は、情報の提供のみを目的としています。したがって、本書を参考にした運用は、必ずご自身の責任と判断において行ってください。本書の情報に基づいた運用の結果、想定した通りの成果が得られなかったり、損害が発生しても弊社および著者、監修者はいかなる責任も負いません。

Part 1

正しい考え方を身につける！

ビジネス フレームワークを 正しく使うために

論理的思考法を体系的にまとめた「フレームワーク」

専門家の英知が詰まった「思考ツール」

「フレームワーク（framework）」を英和辞書で引くと、「枠組み」「構造」といった意味が出てきます。本書で紹介するフレームワークは、一般に「ビジネスフレームワーク（以下、フレームワーク）」と呼ばれるもので、「思考の枠組み」といった意味で使われます。「思考の枠組み」とは、いわば「論理的に思考したり、効率よく発想したりするための『公式』」です。なお、プログラミングの世界で使われる「フレームワーク」は「ソフトウェアフレームワーク」のことで、ビジネスフレームワークとは異なるものです。

本書で紹介するフレームワークは、経営戦略や市場環境の分析、課題・問題の突破口を発見するために、学者やコンサルタントなどが考え抜いて生み出した、考察するうえで必要な要素を「ヌケ」や「モレ」なく、誰もが使いやすいようにした思考ツールです。

たとえば、著名な経営コンサルタントである大前研一氏が生みの親である「3C」（P24）は、自社の経営戦略を分析する際に、「Customer（市場・顧客）」「Competitor（競合）」「Company（自社）」という3つの「C」をヌケ・モレなく考える必要があることをわかりやすく提示しています。「3C」を知らずに必要な要素を網羅して、自社の戦略を考えられる人はそうは多くないでしょう。公式を知らなければ、三角形の面積を求めるのに苦労するのと同じです。**経営やマーケティングを専門的に学んでいなくても、学者やコンサルタントの英知の結晶を使うことで考えられるべきことを正しく考えられる——それがフレームワークのすごさです。**

「ビジネスフレームワーク」とは?

**経営戦略や市場環境の分析、
課題・問題の突破口を考えるうえで
必要な要素を「ヌケ」や「モレ」なく、
誰もが使いやすいようにした思考ツール**

3C (P24)

「自社」「顧客」「競合」の3つの視点から販売戦略や事業戦略を考えることで、進むべき方向性をはっきりさせるために役立つ思考ツール

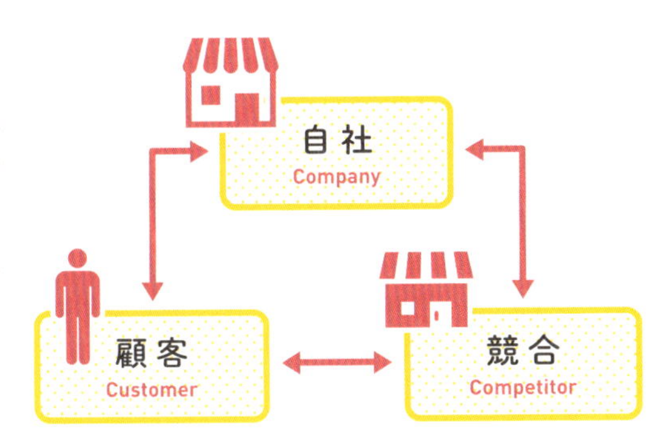

5F分析 (P56)

「業界内の競合」「売り手の交渉力」「新規参入の脅威」「買い手の交渉力」「代替品の脅威」という5つの要素で業界内を分析して、新規参入する魅力があるかなどを明らかにするために役立つツール

❸新規参入の脅威
❷売り手の交渉力
❶業界内の競合
❹買い手の交渉力
❺代替品の脅威

! 考えるポイント

ビジネスフレームワークはたくさんの種類があるので、目的に合ったものを選んで使うことが重要!

コンサルタントがフレームワークを使って考えるワケ

フレームワークはヌケ・モレを防げるツール

コンサルタントは企業などの依頼を受けて、問題点を調査・分析して原因を追究し、解決策を見つけることが仕事です。依頼した企業でさえ理由がわからないことに対する原因を見極め、解決策を出さなければいけない場合も少なくありません。そんな彼らが正しく思考・発想する方法を公式化した「フレームワーク」を使うのは、似たような問題が起こったときに対処しやすく、知的生産性を高められるからです。また、複雑な物事を単純化できるフレームワークを使うことで、クライアントとの円滑なコミュニケーションにも役立てています。

そしてコンサルタントは、**論理的思考で最も基本的で重要な考え方である「MECE（ミーシー、ミッシー）」の要素がフレームワークに含まれている**ことをよく理解しています。

MECEとは物事を正しく分類することです。論理的に考えるときに「モレ」や「ダブリ」があると正しい結論が導き出せないので、フレームワークを使って、それを避けているわけです。

たとえば、プロ野球球団を分類してみます。「セ・リーグ」と「パ・リーグ」に分ければ（❶）MECEになりますが、「セ・リーグ」「在京球団」「パ・リーグ」に分ける（❷）と重複が出ますし、「在京球団」「在阪球団」に分ける（❸）と、在京・在阪球団以外はモレます。❹のように「パ・リーグ」を分類し忘れて、「セ・リーグ」と「在京球団」に分類すれば、「パ・リーグ」はモレ、ダブリも出てしまいます。

まずは「MECE」で分類する練習をしてみましょう。

MECEとは?

Mutually 相互に / Exclusive 排他的な / Collectively 集団的に / Exhaustive 余すところのない

つまり、モレなく、ダブリなく分類、区別すること

❶モレなし、ダブリなし

12球団がモレなく、ダブリのない
MECEで分けられている。

❷モレなし、ダブリあり

セ・リーグにも、パ・リーグにもそれぞれ
在京球団があるのでダブってしまう。

❸モレあり、ダブリなし

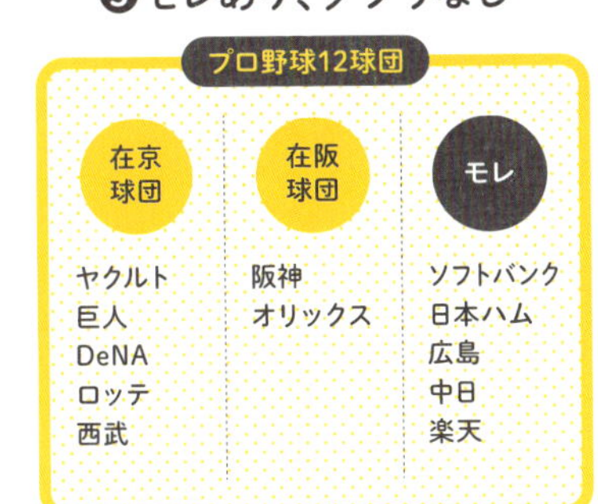

セ・パ両リーグで北海道や九州などを
本拠地にする計５球団がモレてしまう。

❹モレあり、ダブリあり

セ・リーグと在京球団にダブリがあるうえ、
パ・リーグが抜けているためモレもある。

いまさら聞けない フレームワークの効果

考えがまとまれば行動を起こせる!

「三人寄れば文殊の知恵」とは言うものの、実際には議論していてもいいアイデアが出なかったり、いつの間にか本筋から脱線していて、気付いたときには「何について話していたのだろう」と、目的を見失ってしまったという経験をしている人は多いはずです。

フレームワークを使えば、考えたり、議論したりするときに、大切なことがモレることを避けることができ、到達したいゴールに導いてくれる手助けをしてくれます。

また、「自分が体得している知識だが、他人にはうまく言葉で説明できない……」と感じたり、経験則から「おそらくAという状況になったときには、Bという結果になる可能性が高い」と、なんとなく考えたことはないでしょうか。

そんな言語化できない「暗黙知」を「形式知」化するのにもフレームワークは役立ちます。モヤモヤしていたことを形式知化できれば、物事をよりスッキリでき、「自分の考えていたことは、このフレームワークと同じだった」と確認もできます。

また、言語化するときに表現の違いで他人とうまく意思疎通できないこともあります。そんなときでもフレームワークという一定の型にはめ込んで考えれば共通言語化できるので、コミュニケーションを円滑にする効果も期待できます。

そして何より重要なフレームワークの効果は、**フレームワークを使って考えることで結論を導き出したり、考えを整理したりすることで、躊躇していたアクションを起こす起爆剤にできること**です。

フレームワークを使うことでさまざまなメリットがある

メリット❶

頭の中を整理できる

フレームワークを使うことで、考えるべきことを
ヌケ・モレなく考えることができるため、
モヤモヤした考えをスッキリ整理することができる。

メリット❷

暗黙知を形式知化できる

普段からなんとなく考えていることでも、
きちんと説明できるほどまとまった考えになっていないことも多い。
フレームワークを使うことで、言葉で説明できるようになることがある。

メリット❸

他人との共通言語をもつことができる

違う部署や違う会社の人でもフレームワークという
一般化された考え方の枠組みを使って話し合うことで、
考え方や言葉の意味の捉え方の違いなどを乗り越えやすくなる。

メリット❹

考えがまとまることで行動しやすくなる

考えがまとまらないと行動できない人でも
フレームワークを使えば、これまでよりも
短い時間で考えをまとめることができるので行動を起こしやすくなる。

フレームワークは “魔法の杖” ではない

フレームワークの最大の弊害は「思考停止」

フレームワークを知ると、問題・課題を解決できる魔法の杖を手に入れたかのごとく勘違いする人がいます。しかし、フレームワークが問題を解決してくれるわけではありません。「答えを出してくれるツール」ではなく、あくまでも**使う人が目的に向かって思考してこそ効果を発揮する「思考を手助けするツール」**です。

たとえば、40 mのポールを立て、そのてっぺんから60 m先の地面までロープを張りたいときに何mのロープが必要かを知りたいとします。このときに有名なピタゴラスの定理（$c^2= a^2+b^2$）を知っていれば計算できます。テストの点数を取るためだけなら、公式の意味を理解せずにただ丸暗記して、c、a、b に当てはまる正しい数字を入れることができればいいかもしれません。

しかし、考え方の「公式」であるフレームワークを使う目的は、公式を使って得た結果を利用して、「いかにビジネスの成果に結びつけるか」を考えることです。フレームワークで得られた結果に満足して、そこで思考することをやめてしまえば、せっかく結果を出してもまったく意味がありません。

コンサルタントのなかにも、フレームワークに依存して深く思考しなくなったり、フレームワークを使った分析結果に満足して、そのあとにやるべき「考える」ことをなおざりにする人もいます。考えることが本業のコンサルタントでもそんな間違いを犯すのですから、これからフレームワークを学ぼうとしている人はなおさら注意が必要です。

フレームワークは数学の公式のようには答えが出ない

数学の公式はどうしてそうなるかを知らなくても、機械的に暗記しておけば答えを出せる。
また、答えを出すときに考えなくても数字を当てはめれば答えが出る。

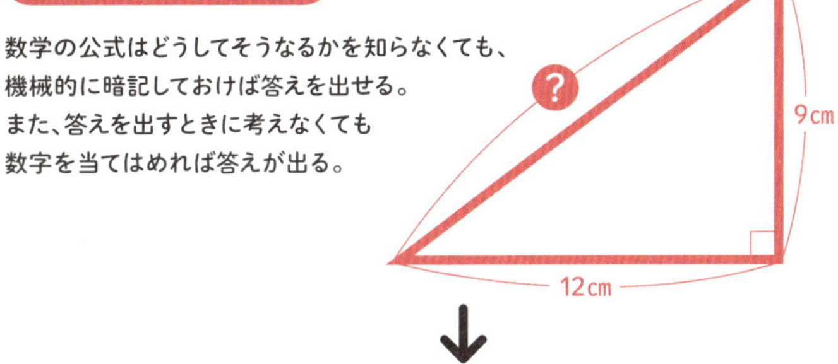

「ピタゴラスの定理」を知っていれば、三角形の2辺の長ささえわかれば、残り1辺の長さは必ずわかる

3C (P24)

フレームワークは数学の公式とは異なり、機械的に暗記しても答えは出せない。思考しながら、フレームワークに要素を当てはめていかなければ、望む答えは導き出せない。

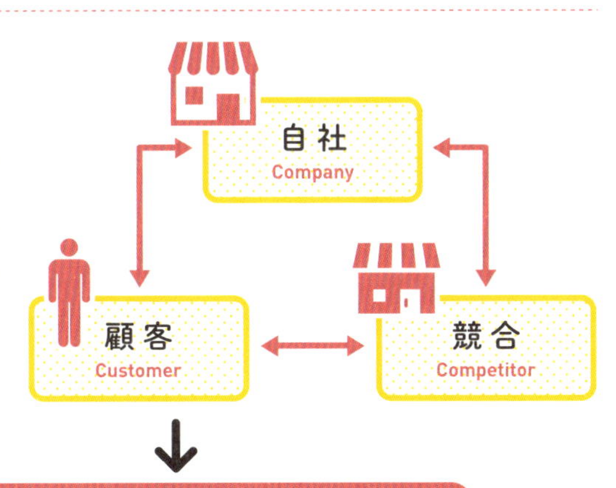

マーケティング戦略を考える「3C」を知っていても、ただ要素を当てはめただけでは戦略策定はできない

手段が目的化しないように気をつけよう

よくありがちな目的ズレに注意する

フレームワーク初心者にありがちなのは、フレームワークを知ったことでビジネスパーソンとしてレベルアップしたように感じ、むやみにフレームワークへ無理やり当てはめて物事を考えてしまうことです。フレームワークを使ううえで大切なのはそれぞれのフレームワークが何を目的にしているかをしっかり理解することです。**思ったような成果を感じられない場合は、「フレームワークを使うことが目的になっていないか」を確認しましょう。**

フレームワークに関する知識は豊富なのに、上手に使いこなせないフレームワークコレクターのような人もいます。専門的な用語を駆使して話してはいるものの、よくよく聞いてみると内容が空っぽな人もいます。知識として知っているだけでは無意味です。フレームワークを使い始めたら、**思考したことがビジネスにとって意味のあるフィードバックになっているかを客観視する**ことも大切です。

本来の目的を見失ってフレームワークを使う「手段の目的化」も少なくありません。たとえば、今後の問題・課題を解決するために現状分析しているのに、その目的とはかけ離れた分析までして、まるで分析することが目的のようになってしまうのです。それでは時間を浪費しているだけです。フレームワークを使い始めたら、**本来の目的からズレていないかを確認しましょう。**

フレームワークは机上の空論ではありません。フレームワークを使って思考したことがその後の行動に結びつき、それが成果となってこそ意味があるのです。

ついつい行いがちな「手段の目的化」に注意しよう

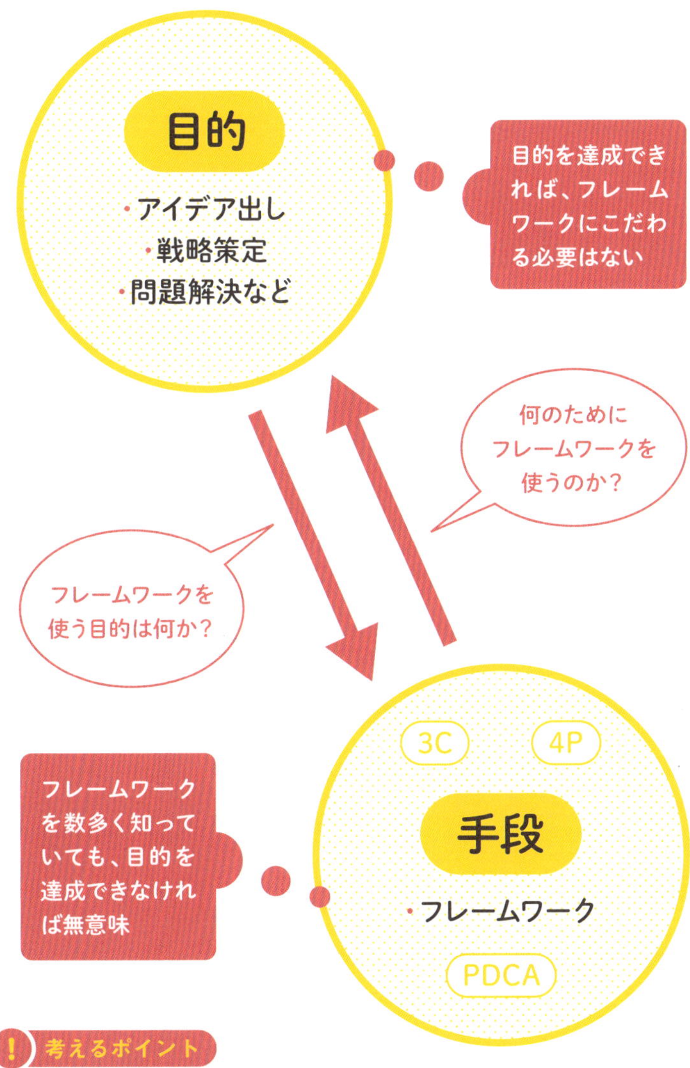

! 考えるポイント

- フレームワークを使って考えるときは「目的」を常に念頭に置く
- 必要以上にフレームワークにとらわれすぎないことも大事

フレームワークを血肉化するために繰り返し使おう

自分のものにしなければ力を発揮しない

多くのフレームワークを知れば、ビジネスパーソンとして多くの武器で武装できるわけですから強みになります。しかし、それを血肉化し、状況に応じて使い分けられるようにならなければ、せっかくの武器も宝の持ち腐れです。どんな道具でもそうですが、間違った使い方をすれば最高のパフォーマンスを発揮できません。

たとえば、同じセールストークを使っていても、一流の営業パーソンとそうでない人で、同じ営業成績にはなりません。同様に、フレームワークを知識として身につけたからといって、それだけでアイデアが出てきたり、答えが見つかるようになるわけではないのです。一流の営業パーソンがお客さまのニーズをうまく引き出せるように、日ごろから良い関係を構築したり、セールストークを自分流にアレンジするなどの努力しているように、**フレームワークも使いこなすための訓練が必要です。**

シンプルな図や表を用いて物事を整理するフレームワークは、一見すると簡単に使いこなせるように見えるので、「簡単に解決策が見つかるはず」と期待しがちです。しかし、そのような期待が大きいばかりに、すぐに結果が出ないからといって使うことをあきらめないようにしたいものです。

血肉化するには努力や訓練が必要です。それができれば、状況に応じて使い分けられるだけでなく、最終的にはフレームワークに頼ることなく正しく考え、効率的に発想することもできるようになります。

繰り返し使うことでフレームワークの考え方を浸透させる

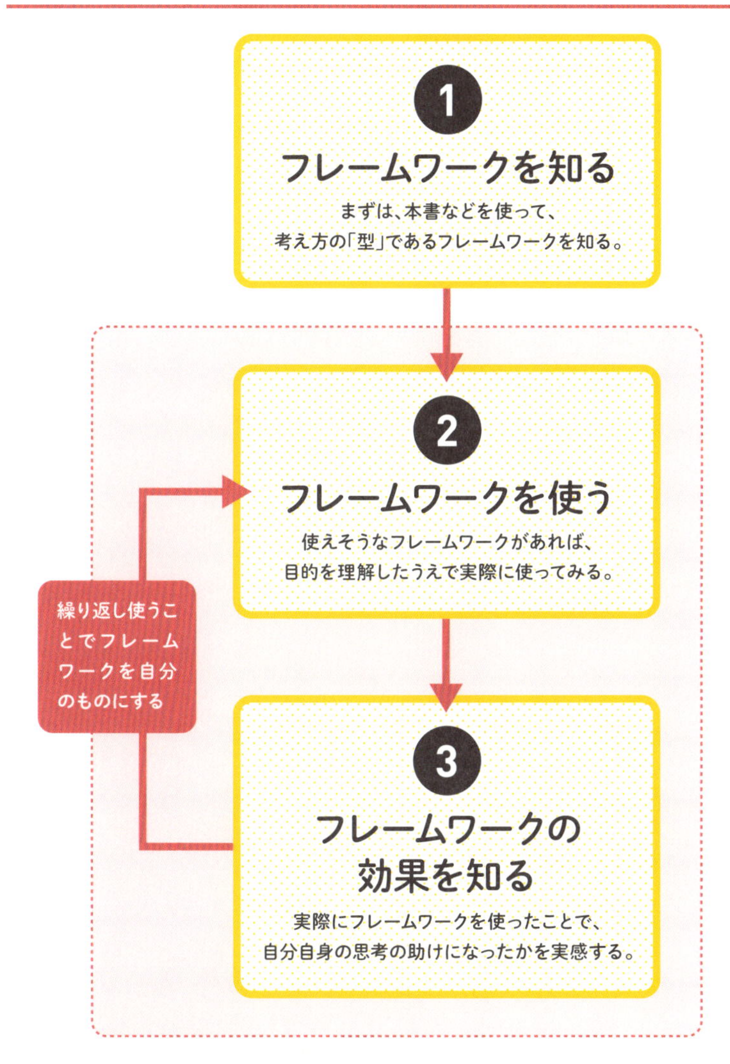

考えるポイント

- フレームワーク自体に頼りすぎて、思考を止めてしまわないように注意
- 各フレームワークの本質的な意味を理解するように心がけることが大事

Column

思考のクセ「認知バイアス」とは?

ある会社で女子高生をコアターゲットにした新しい文房具の商品開発をしていました。商品の色を決める会議で、ある男性社員はこう言いました。

「若い女の子はピンクが好きですよね」

しかし、「若い女性はピンクが好き」というのは男性社員の先入観で、本当に女子高生がピンク色の文房具を好きかどうかはわかりません。本来ならコアターゲットである女子高生にリサーチをして、開発中の商品のカラーを決定すべきでしょう。

人は先入観、固定概念、過去の経験、利害などに影響を受けて勝手な想像を膨らませたり、自分の好みのストーリーを勝手に仕立てあげたりする傾向があり、このような先入観、偏り、偏見を「認知バイアス」といいます。

人はさまざまなタイプがある認知バイアスの影響を受けて、合理的な判断ができなかったり、非合理的な行動を起こすことが少なくありません。

本書で紹介しているフレームワークは、論理的な思考を行うためのツールですが、認知バイアスは論理的な思考を妨げる「思考のクセ」のようなものです。誰もがその影響を少なからず受けているので注意しなければいけません。認知バイアスの悪影響を避けるためには、自分自身にも認知バイアス（＝思考のクセ）があり、その影響を受けているのを自覚することが肝要です。

本書の各 Part の最後にある Column では、フレームワークを正しく使ううえで妨げになりそうな６種類の「認知バイアス」について説明していきます。

Part 2

困ったときの対処法を知る

問題解決
フレームワークの
基本を身につけよう

分析から戦略立案、決断までのフローを俯瞰する

複数のフレームワークを使うことで多面的に考えよう

ビジネスの現場では、自分たちが置かれた状況を客観的に把握し、その状況に応じた戦略を立案することが求められます。その際には、競合との競争に勝つために斬新なアイデアを盛り込むことが求められることもあるでしょう。考えたことは実行に移さなければ意味がありませんから、実行に移す決断もしなければいけません。

それぞれのフレームワークには得意分野があるので、目的に合ったフレームワークを選んで考えることで、答えを見い出していくのです。

Part2では、カフェを新しく開店しようとしている人を例に、現状分析、戦略立案、アイデア出し、決断までの流れを以下の代表的なフレームワークを使いながら説明していきます。

- 「3C」（P24）……現状分析
- 「SWOT分析」「TOWS分析」（P26）……戦略立案
- 「NM法」（P28）……アイデア出し
- 「デシジョンツリー」（P30）……意思決定

フレームワークを使うことで、自分ひとりで考えるだけでは思いつかないようなアイデアが浮かんできたり、考えるべきことのヌケやモレを防ぐことができます。

ただし、**フレームワークを表面的に理解しただけでは使いこなせません。使いこなせるようになるまで、実際に使って考えることを繰り返します。**122ページで紹介する「経験学習モデル」を意識しながら、フレームワークを使う訓練をしていきましょう。

本章では4つのフレームワークを使って考えてみる

1

「3C」(P24)で自分の取り巻く環境を分析する

「3C」では、「自社」「競合」「顧客」の3つの視点から分析することで、成功要因を導き出す。

2

「SWOT分析」「TOWS分析」(P26)で戦略を立案する

「SWOT分析」で自分の強みと弱み、機会と脅威を把握し、「TOWS分析」では、強みと弱み、機会と脅威に対してどのような戦略をとるかを考える。

3

「NM法」(P28)でより良くするためのアイデア出しをする

新たに開店しようとしているカフェをより良いものにするため、「NM法」を使ってさまざまな連想を駆使しながら事業アイデアをひねり出す。

4

「デシジョンツリー」(P30)で最後の決断をする

最終的に「デシジョンツリー」を用いて、さまざまな想定をしながら、期待利益を算出し、カフェを出店すべきかどうかを考える。

CAN-DO

□ フレームワークを組み合わせることで考えをより整理できる

自社を取り巻く環境を分析する「3C」

現状を分析して戦略を立てる

「顧客」のことを考えずに「競合」のことばかりを意識して戦略を練ったり、「自社」や「競合」の分析なしに「顧客」のことばかり考えてもビジネスはうまくいきません。**経営戦略や事業戦略を立てる際に重要なのは、「顧客ターゲットを明確にして」、「競合との差別化を行い」、「他社にできないことを行う」ことです。**

「3C」は、以下の3要素に着目して、現状を分析することで販売戦略や事業戦略をスッキリと整理できます。

・自社（Company）→他社にできないこと（強み）を行う
・顧客（Customer）→顧客ターゲットを明確にする
・競合（Competitor）→競合との差別化をする

「自社と顧客」、「自社と競合」、「顧客と競合」という3要素の相互関係を見ることで自社の強み・弱みが明確になり、これからどのようにビジネスを推進していけばいいかの道筋を明確にできます。

大学のキャンパスがある郊外の新興住宅街で、すでに一軒のカフェが営業しているエリアにおけるカフェの出店戦略を考えてみます。エリア内の主要顧客層は主婦と大学生です。自社は競合に比べて価格は高いですが上質な料理を提供する考えです。メインターゲットは、安さ重視の学生より「おいしくて安心できる料理」「友だちや子どもと落ち着いて長居できる」ことを重視する主婦にしたほうがよさそうです。主婦のニーズについて考えると、「健康指向の手作り料理を中心」にし、「居心地の良さを演出するためテーブルの間隔を空ける」といった具体的なアイデアが出てきます。

「3C」を使えば、自社がとるべき戦略が見えてくる

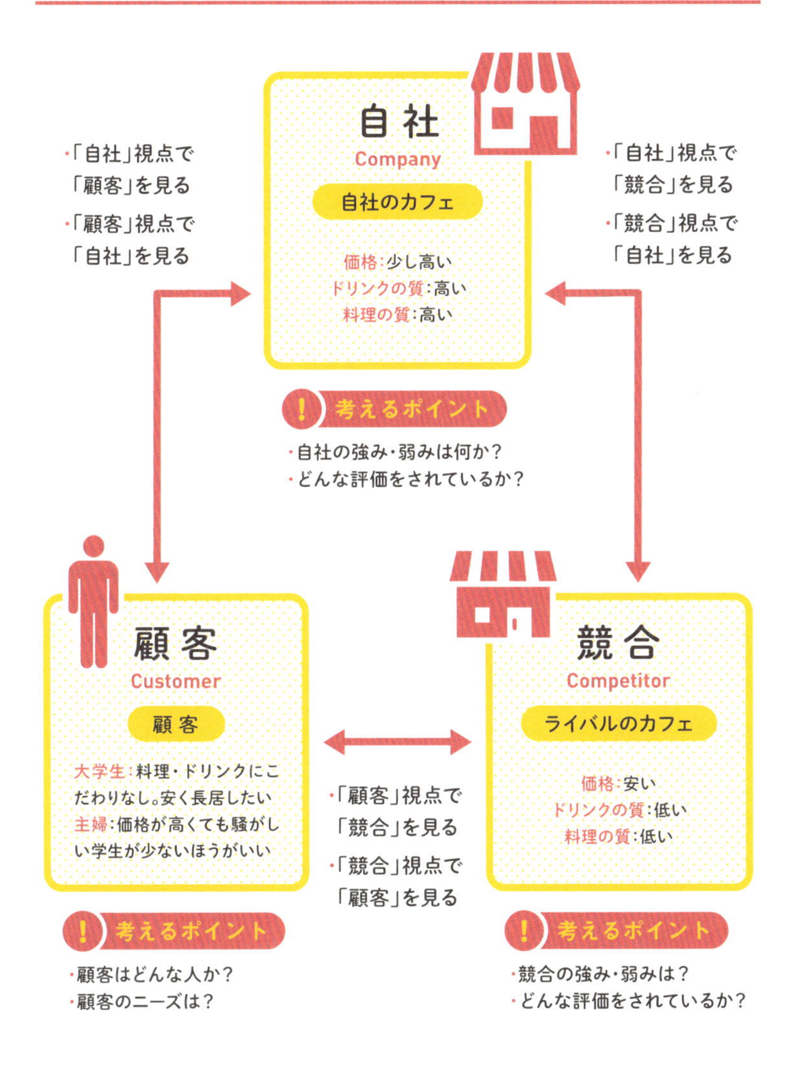

CAN-DO
- □ 競合と比較することで、自社の強み・弱みをあぶり出せる
- □ ビジネスの成功要因を発見できる

競合や外部環境を分析する「SWOT分析」「TOWS分析」

「強み」と「弱み」、「機会」と「脅威」を分析

『孫子の兵法』の一節「彼を知り己を知れば百戦殆(あや)うからず（敵と味方について把握すれば、何度戦っても敗れない）」にもあるように、**自社（自分）の「強み（S）」や「弱み（W）」を把握すれば、有利に戦えます。それに加え、「機会（O）」と「脅威（T）」を把握して解決すべき課題を導き出すのが「SWOT（スウォット）分析」です。**

たとえば、カフェを開くにあたって、自店の内部要因（強みと弱み）、外部要因（機会と脅威）を把握します。このときのポイントは、内部要因は自らの努力次第で克服できますが、外部要因は競合の動きや経済状況など、自分だけでは変えられない要素が含まれますから、いかに柔軟に対応していくかが問われます。

そこで、「機会」をものにするために「強み」を伸ばす、「脅威」に立ち向かうために「弱み」を克服するといったように、内部要因と外部要因を掛け合わせて考え、戦略や方向性を明らかにします。

内部要因を考えると、「強み」は「おいしいコーヒー」で、「弱み」は「少し高い価格」です。同時に外部要因を考えると、「機会」は「周辺の宅地開発で高所得者層が増えている」、「脅威」は「コンビニのコーヒーの台頭」です。

「強み×機会」、「強み×脅威」、「弱み×機会」、「弱み×脅威」と組み合わせた「TOWS分析（クロスSWOT分析ともいう）」でアイデアを練るのです。たとえば「強み×機会」なら「希少な豆を使った超高級コーヒーをこだわりがある高所得層に販売して売上アップを目指す」という方向性が見えてきます。

「SWOT分析」

内部要因（自社分析）	S Strengths（強み） 自社の強みは何か？ 例）おいしいコーヒー	W Weaknesses（弱み） 自社の弱みは何か？ 例）価格が少し高い
外部要因	O Opportunities（機会） 自社に有利となる外部要因は何か？ 例）周辺の宅地開発で高所得者層が増えている	T Threats（脅威） 自社の不利になる外部要因は何か？ 例）コンビニコーヒーの台頭

「TOWS分析（クロスSWOT分析）」

	内部要因（自社分析）	
	S Strengths（強み） 例）おいしいコーヒー	W Weaknesses（弱み） 例）価格が少し高い
外部要因 O Opportunities（機会） 周辺の宅地開発で高所得者層が増えている	SO戦略（S×O） 強みでチャンスを生かす 希少豆を使った超高級コーヒーをこだわりがある高所得者層に販売して売上アップを目指す	WO戦略（W×O） 弱みを克服してチャンスを生かす お得なコーヒーチケットで来店を促す
外部要因 T Threats（脅威） コンビニコーヒーの台頭	ST戦略（S×T） 強みで脅威に対処する 圧倒的においしいコーヒーを提供することで味の違いを訴求する	WT戦略（W×T） 弱みと脅威の影響を最小化する 価格をできるだけ下げてコンビニコーヒーに対抗する

CAN-DO
- □ 自分の「強み」と「弱み」、「機会」と「脅威」を把握できる
- □ 「強み」「弱み」「機会」「脅威」から戦略の方向性が見える

似たことからヒントを得て発想する「NM法」

連想は「アイデアの宝庫」といっても過言ではない!

一見、関係がないように見えるものでも、働く原理が同じなら、転用することでユニークな発想が生まれる可能性があります。たとえば、しゃぶしゃぶは仲居さんが雑巾をお湯につけて洗っていた姿をヒントに生まれたといわれています。同じような手の動きを転用したことで新しい発想に結びつけたわけです。こうしたアナロジー（類似）発想をシステマティックな手法にしたのが中山正和(なかやままさかず)です。イニシャルから「NM法」と呼ばれ、4つのステップで実施します。

STEP1 テーマをキーワードに分解 ⇒ STEP2 類似事例を探し出す ⇒ STEP3 類似事例の原理の明確化⇒ STEP4 原理を元のテーマに応用

ここでは、「新しいカフェのコンセプト」というテーマで考えてみます。まず、このテーマを「食べる」「くつろぐ」「語り合う」といったキーワードに分解します（STEP1）。ここでは「くつろぐ」を選び、類似した事例を考えます。たとえば、同じ機能をもつものには「家庭」「公園」が思い浮かびます（STEP2）。このとき、あまりに近いものだと発想が広がらず、遠すぎると応用がきかないので幅広くアナロジーを探します。次に、「なぜ家庭でくつろげるか」を考えると、「慣れた場所」「親しい人と一緒」という原理がありそうです（STEP3）。「慣れた場所」という原理から、たとえば「いつも同じ席、食器のカフェ」（STEP4）というコンセプトが生まれます。STEP1で挙げた各キーワードでも、同様のプロセスで発想を膨らませていきます。こうすることで、新たなアイデアを出すことができます。

「NM法」を使って新しいカフェのコンセプトを考える

- STEP1 テーマをキーワードに分解
- STEP2 類似事例を探し出す
- STEP3 類似事例の原理の明確化
- STEP4 原理を元のテーマに応用

NM法による発想の例

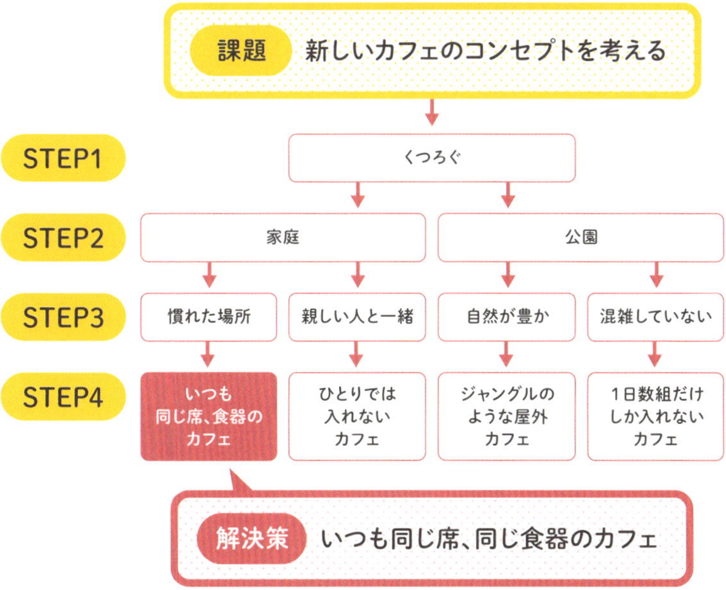

課題 新しいカフェのコンセプトを考える

STEP1	くつろぐ			
STEP2	家庭		公園	
STEP3	慣れた場所	親しい人と一緒	自然が豊か	混雑していない
STEP4	いつも同じ席、食器のカフェ	ひとりでは入れないカフェ	ジャングルのような屋外カフェ	1日数組だけしか入れないカフェ

解決策 いつも同じ席、同じ食器のカフェ

! 考えるポイント こだわりが強すぎると、いいアイデアが出づらくなるので、予断なくキーワードから類似する事例を連想していくのがポイント

CAN-DO
- □ 連想するだけで思いがけないアイデアを生み出せる
- □ ひとりでも複数名でもアイデア出しができる

複雑な選択肢を整理できる「デシジョンツリー（決定木）」

各選択肢の可能性を可視化して決断の材料にする

私たちはさまざまな岐路に立ち、どちらに進むべきかの選択をいつも迫られています。重大な意思決定をするときは悩むものですが、「どうしよう」と悩んだときに、進むべき方向を決断するのに役立つのが「デシジョンツリー（決定木）」です。次の4つの手順でいくつかある選択肢から進むべき方向性を見きわめます。

①**取りうる選択肢を挙げる**……直面している問題に対して、どのような選択肢があるかを考える。その先にも分岐があれば書き込む

②**選択肢を選んだときの結果を予想する**……各選択肢を選んだときにどのようなことが起こるかを予想する

③**期待価値を算出する**……これまでの経験や客観的データなどをもとに、各選択肢が起こる可能性を算出。選択肢が2つあれば、「60%／40%」といったように合計で100%になるようにする。そして確率と損益を掛け合わせて期待価値を算出する。右図のように、1年目の成功確率40%で、そのときの利益が500万円、失敗確率60%でそのときの損失が200万円だった場合の期待価値は、2つの選択肢の損益をそれぞれの確率で案分した「500万円×40%＋▲200万円×60%＝80万円」になる。計算式を見るとわかるように、**自身で設定する各選択肢の確率によって期待価値は変わる。判断に大きな影響を及ぼすので、データなどをできるかぎり用いながら客観的に妥当性のある確率にすることを心がけることが重要になる**

④**意思決定する**……期待価値が大きい選択肢を選ぶ

「デシジョンツリー」でカフェ開店へ投資するかを考える

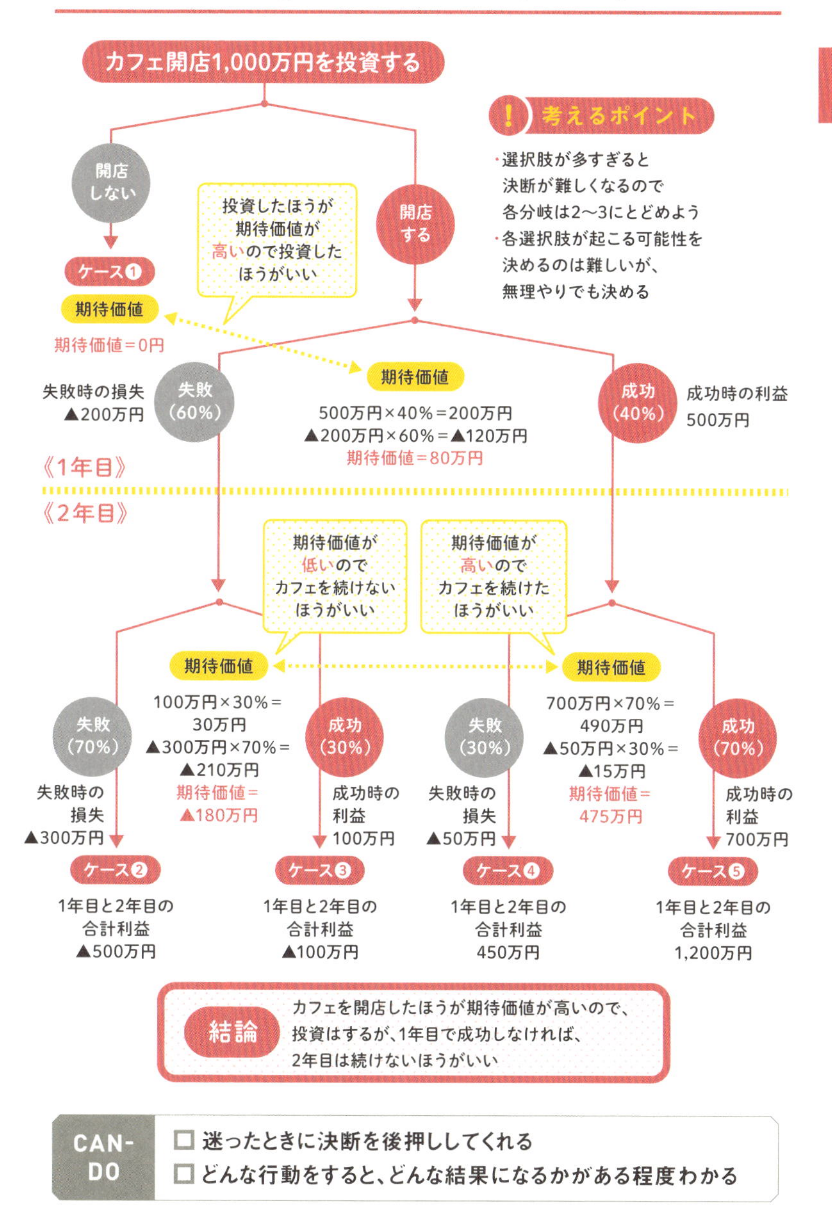

! 考えるポイント

- 選択肢が多すぎると決断が難しくなるので各分岐は2～3にとどめよう
- 各選択肢が起こる可能性を決めるのは難しいが、無理やりでも決める

結論 カフェを開店したほうが期待価値が高いので、投資はするが、1年目で成功しなければ、2年目は続けないほうがいい

CAN-DO

- ☐ 迷ったときに決断を後押ししてくれる
- ☐ どんな行動をすると、どんな結果になるかがある程度わかる

フレームワークを使って どのような結論を出せたのか?

複数のフレームワークを使えば、筋が通った結論が出せる

本章では、4つのフレームワークを使ってカフェ開業について考えてきました。「もしフレームワークなしでカフェ開業について考えていたら」と想像してみてください。おそらく、フレームワークを使ったときのように、深く考えることはなかったのではないでしょうか。

たとえば、「3C」(P24)を使えば、当然のように「顧客」や「競合」について考えます。しかし「3C」を知らなければ、「顧客」や「競合」のことを一切考えないままカフェを開店していたかもしれません。「顧客」や「競合」のことを考えなければ、カフェ経営が成功しないというわけではありませんが、お客様相手の商売である以上、「顧客」について考えたほうがいいのは言うまでもないでしょう。

本章では、「3C」で「**価格が多少高くてもヘルシー指向の手作り料理中心**」、「**居心地のよさを演出するためテーブルの間隔を空ける**」というコンセプトを選び、「SWOT分析」(P26)「TOWS分析」(P26)によって、「**希少な豆を使った超高級コーヒーをこだわりがある高所得者層に販売して売上アップを目指す**」という戦略を決めました。しかし、「NM法」(P28)で生まれた「**いつも同じ席、食器のカフェ**」という斬新なアイデアは、お客様が増えるほど把握が大変ですし、仕事に慣れていない開業直後は負担が大きいので、今後の課題として、いつか実施するぐらいの判断でもいいかもしれません。

ビジネスは刻一刻と状況が変わっていきます。同じフレームワークを使用しても状況の変化で結論は変わります。ある時点で出されたフレームワークの結論に固執しすぎないことも大切です。

フレームワークを使って考えた新しいカフェのコンセプト

① 3C (P24)

「価格が多少高くても
ヘルシー指向の手作り料理中心」
「居心地のよさを演出するため
テーブルの間隔を空ける」

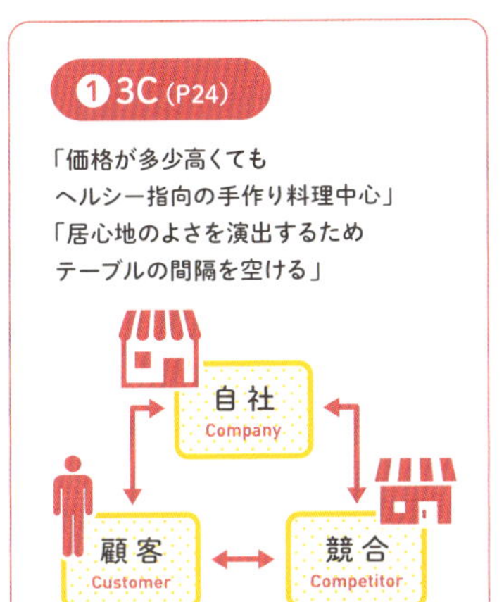

② TWOS分析 (P26)

「希少な豆を使った超高級コーヒーを
こだわりがある高所得者層に販売して
売上アップを目指す」

外部要因	内部要因	
	S Strengths（強み）	W Weaknesses（弱み）
O Opportunities（機会）	SO戦略(S×O) 強みでチャンスを生かす	WO戦略(W×O) 弱みを克服してチャンスを生かす
T Threats（脅威）	ST戦略(S×T) 強みで脅威に対処する	WT戦略(W×T) 弱みと脅威の影響を最小化する

「いつも同じ席、食器の
カフェ」というアイデアは
開店当初の負担が大きそう
なので開店時点では保留。

お店の方向性

- メインターゲットは、
  高所得者層の主婦
- ヘルシー志向の料理と
  プレミアムコーヒー
- ゆったりしたくつろぎ空間
- 価格帯を高めに設定

③ NM法 (P28)

「いつも同じ席、食器のカフェ」

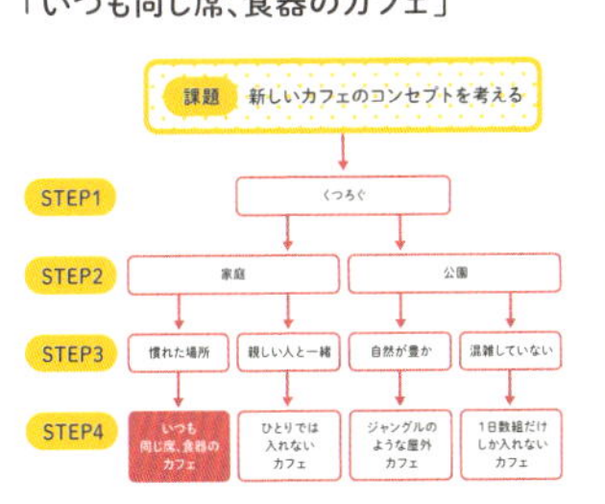

④ デシジョンツリー (P30)

「カフェに
投資する」

カフェ開店1,000万円を投資する
開店しない → ケース❶ 期待価値
開店する → 期待価値
失敗 / 成功
《1年目》
《2年目》
失敗 → ケース❷ 期待価値 成功 → ケース❸
失敗 → ケース❹ 期待価値 成功 → ケース❺

CAN-DO

- ☐ 目的に応じたフレームワークを使うことで方向性が見えてくる
- ☐ 頭の中を整理することで、行動に移しやすくなる

Column

気をつけたい思考のクセ①「確証バイアス」

自分が「正しい」と思ったことを肯定する情報ばかりを信じて、否定的な情報を信じなかったり、見て見ぬふりをする傾向が強くなるのが「確証バイアス」です。

部品会社を経営するAさんは、20年前にそれまでの国内中心の事業を中国への輸出中心に舵を切ったことで会社を急成長させました。しかし、ここ数年は以前に比べて売上高の伸び率が鈍化しており、Aさんは先行きに不安を感じています。

日ごろから中国の経済情勢に関するニュースに目を通しているAさんは、最近読んだ「中国のバブルは崩壊しない！」という雑誌記事を読んで、「まだまだ中国は大丈夫」と自信を深めました。一方で中国の景気悪化を話題にする記事が増えていることは知っているのに、読んでしまうと不安が増しそうなので見て見ぬふりをしています。

みなさんもAさんと同じように、自分にとって都合のいい情報だけを集めた経験はないでしょうか。

結局、Aさんは中国の景気悪化に対する適切な手を打てず、中国事業で大きな損失を出してしまいました。中国経済の先行きに不安を感じていたのに、「将来性がある」と思い続けたい自分と、現実のギャップを受け入れることができなかったのです。

たとえば、SWOT分析（P26）で外部環境を分析するときに、「中国の景気悪化」を「脅威」として認識しなければ正しく分析できません。「不都合な情報を無視したい」と感じているときほど、不都合な情報に向き合うことです。Aさんもそれができていれば、大きな損失を出す前に対策を打てたかもしれません。

Part 3

自分を知ってこそ有利な戦いができる

製品やサービスの長所・弱点を分析する

ライフサイクルから自社商品を分析する「PLC」

マーケティング戦略立案の最も基本的な理論のひとつ

商品が誕生してからその役割を終えるまでは４段階に分けられ、各段階ごとにマーケティング戦略が変わっていきます。それを表したのが「PLC（プロダクトライフサイクル）」です。

- **導入期**……市場に導入された当初は認知度が低いため、じわじわと売上が上がる段階。販促費用がかかるため利益は少ない
- **成長期**……流行に敏感な人から買い始め、利益が出始める段階
- **成熟期**……市場で商品が浸透してくると、徐々に成長が鈍化していく。利益を安定的に得られるか、または競争激化で利益が減少する
- **衰退期**……需要が減退し、売上高・利益が減っていく段階

子どものころ好きだったスナック菓子を思い出してみてください。テレビCMで購買意欲をかき立てられ（導入期）→ブームになっても（成長期）→いずれ落ち着き（成熟期）→いつの間にか販売されなくなっていた（衰退期）商品もあるのではないでしょうか。

一方で、1886年に発売されたコカ・コーラのように、120年以上経った現在でもずっと売れ続けていて、「衰退期」が訪れていないと思われる商品もあります。

自社の製品が今どの段階にあるのかを読み間違えると、マーケティング戦略にも大きな誤算が生じるので、「3C」（P24）の視点をもちながら、客観的にどの段階にあるかを考えましょう。そして、「イノベーター理論」（P50）を活用しながら顧客ターゲットを明確にすることで、より明確なマーケティング戦略を立てることができます。

▶ 商品は消えるまでの段階でマーケティング戦略が変わる

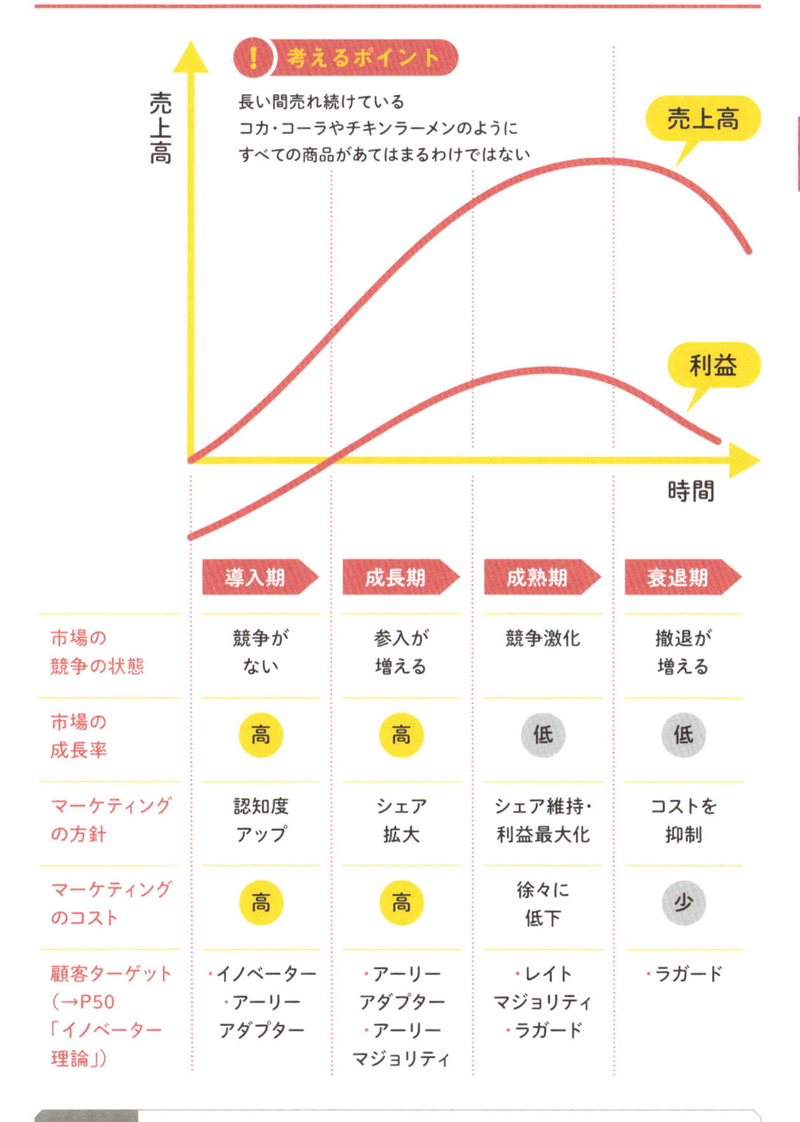

	導入期	成長期	成熟期	衰退期
市場の競争の状態	競争がない	参入が増える	競争激化	撤退が増える
市場の成長率	高	高	低	低
マーケティングの方針	認知度アップ	シェア拡大	シェア維持・利益最大化	コストを抑制
マーケティングのコスト	高	高	徐々に低下	少
顧客ターゲット（→P50「イノベーター理論」）	・イノベーター ・アーリーアダプター	・アーリーアダプター ・アーリーマジョリティ	・レイトマジョリティ ・ラガード	・ラガード

CAN-DO
- □ プロダクトライフサイクルのどの段階にあるかが認識できる
- □ 段階に応じた商品マーケティング戦略が明確になる

事業の効率的な組み合わせが見えてくる「PPM」

製品・サービスは4つの段階に分類できる

「PPM（プロダクトポートフォリオマネージメント）」は、複数の既存事業を行っている場合に、効率的な投資や経営資源の配分を検討するためのシンプルなフレームワークです。

「市場成長率」と「相対的なマーケットシェア」によって、商品・サービス（事業）を4つの領域に分類します。

- **問題児（Problem Child）**……導入期・成長期にある製品・サービスのことで、設備や広告など大きな投資が必要。シェアが拡大すれば「花形」、うまくいかなければ「負け犬」に移行する
- **花形（Star）**……成長率・市場シェアがともに高い、多くの利益が見込める製品・サービス。市場全体が成長している場合は、シェア拡大のために、設備や広告に投資が必要。シェアを維持できれば「金のなる木」に、できなければ「負け犬」に移行する
- **金のなる木（Cash Cow）**……成長率が低いにもかかわらずシェアを確保しており、安定的利益が見込める商品・サービス。「金のなる木」で得られた利益を「問題児」や「花形」事業に振り向けることを考える
- **負け犬（Dogs）**……低成長市場でシェアが低く、撤退などの検討が必要な製品・サービス。早期に撤退の検討をする必要がある

複数の商品・サービスを提供している場合は、「PPM」で各商品・サービスを分類し、利益の出しやすさや投資の必要性などの観点から経営資源の余剰を見つけ出し、効率的な経営資源の配分を考えていきます。

商品・サービスの状態は4つの象限に分けて考えることができる

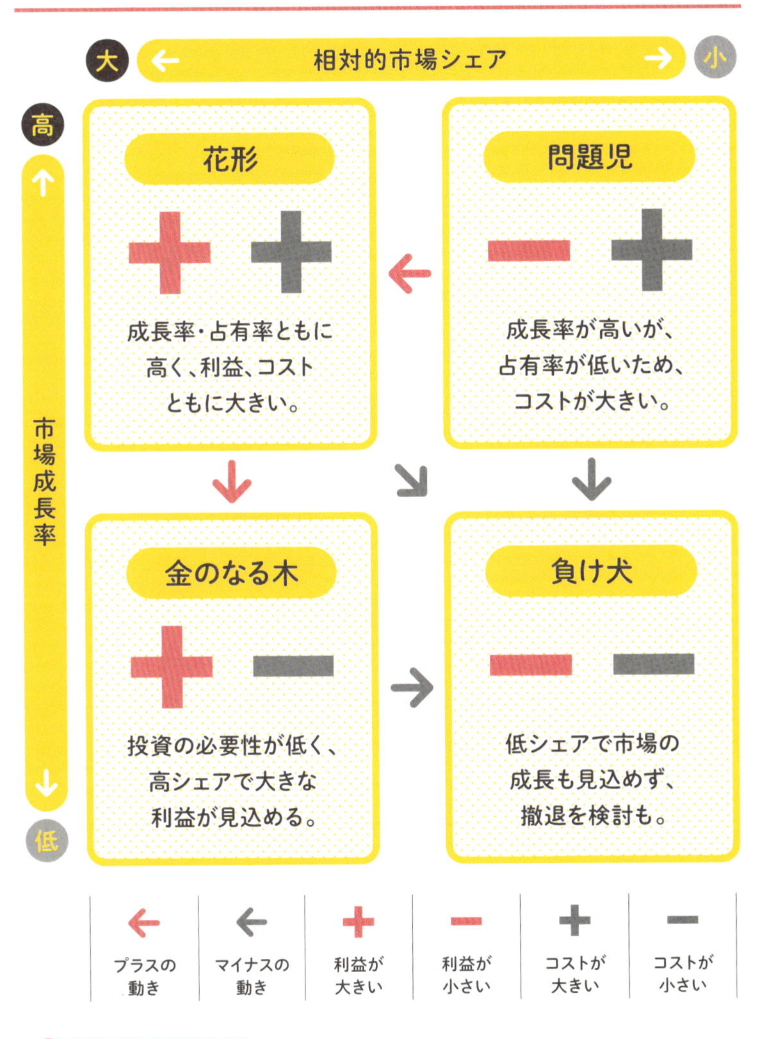

! 考えるポイント PLC（P36）も併せてみると、よりわかりやすい！

CAN-DO
- □ 経営資源の適切な配分をするための道しるべになる
- □ 勝負すべき商品・サービス、撤退すべき商品・サービスが見えてくる

顧客を満足させる要素をあぶり出す「BMC」

▶9つの要素で事業の全体を見渡すことができる

BMC（ビジネスモデルキャンバス）はビジネスモデルを9つの構成要素に分類し、俯瞰的にとらえるフレームワークで、基本的には「❷提供価値（VP）」を中心に左右を割って考えます。右側は「**収益要因**」、左側は「**コスト要因**」になっており、❶～❾の順番で考えていくと良いとされています。

とくに重要なのは、「❶顧客セグメント」です。たとえば、カフェを始めるときに、「❶顧客セグメント」が定まらなければ、❷～❾の項目についていくら考えても頓珍漢な結論にしかなりません。

たとえば、❶を「主婦」にすると、「❷提供価値（VP）」には、「小さい子ども連れでも入店できる」などになるかもしれません。こうして関連する項目を連動させながら記述しつつ、ビジネス全体を俯瞰していくわけです。

BMCの優れた点は、何かの要素に変化が生じた場合、その変化による影響がどう及ぶのかがわかりやすい点にあります。たとえば、カフェの近くに大学のキャンパスができ、「❶顧客セグメント（CS）」に「大学生」を加えたとします。それにともない「❷提供価値（VP）」に「試験勉強OK」を加えたほうがいいかもしれません。一方で「試験勉強OK」にしておきながら、泣いたり騒ぐことも多い小さい子どもを連れた主婦をターゲットとすることに、「❷提供価値（VP）」としての整合性があるのかを検討するわけです。

ヌケモレなく考えるべき要素を網羅された「BMC」を使えば、俯瞰的な視点から「何をすべきか」「何が問題か」が見えてきます。

カフェ出店を「BMC」で考える

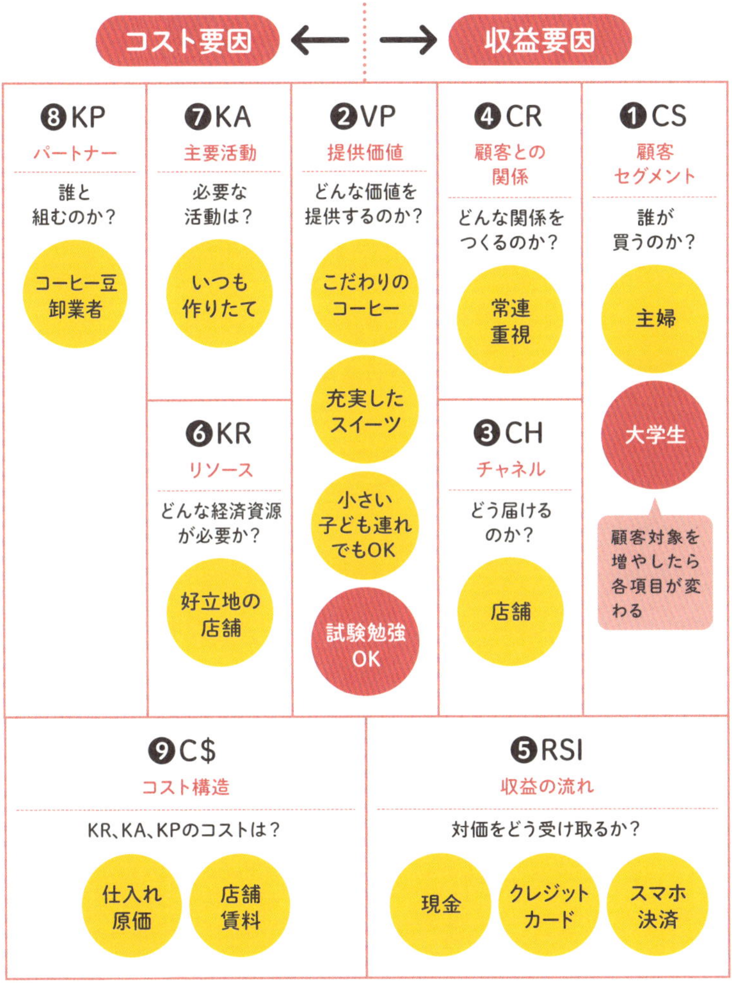

コスト要因 ← → 収益要因

⑧KP パートナー	⑦KA 主要活動	②VP 提供価値	④CR 顧客との関係	①CS 顧客セグメント
誰と組むのか？	必要な活動は？	どんな価値を提供するのか？	どんな関係をつくるのか？	誰が買うのか？
コーヒー豆卸業者	いつも作りたて	こだわりのコーヒー	常連重視	主婦
	⑥KR リソース	充実したスイーツ	③CH チャネル	大学生
	どんな経済資源が必要か？	小さい子ども連れでもOK	どう届けるのか？	顧客対象を増やしたら各項目が変わる
	好立地の店舗	試験勉強OK	店舗	

⑨C$ コスト構造	⑤RSI 収益の流れ
KR、KA、KPのコストは？	対価をどう受け取るか？
仕入れ原価、店舗賃料	現金、クレジットカード、スマホ決済

! 考えるポイント すべての項目を埋めたら、全体を俯瞰して調整しながら各項目の整合性をチェックしよう

CAN-DO
- □ビジネス全体を俯瞰的に見ることができる
- □ビジネスの特徴や課題点をあぶり出すことができる

自社の強みを明らかにする「コア・コンピタンス分析」

他社に真似できない自社の強みを数値化する

自社の新製品を売り込むときに、どちらのセールストークが相手にインパクトを与えられるでしょうか。

①「省エネ性能が高くなってすごいんです！」

②「X社の商品より約50%も省エネ効率がアップしています」

いうまでもなく説得力があるのは具体的な数字を提示している②でしょう。「約50%の省エネ効率アップ」という具体的な数字が第三者機関による客観的なものであれば、説得力がさらに増します。

コア・コンピタンスは「競合他社を圧倒的に上まわるレベルの能力」という意味です。それを数値化することで明らかにしようとするフレームワークが「コア・コンピタンス分析」です。

しかし、コア・コンピタンスといっても抽象的です。どんな条件を満たすものがコア・コンピタンスなのでしょうか。

・条件1　顧客に喜ばれる価値創出につながる

・条件2　幅広い業界への応用が可能

・条件3　競合他社が簡単に真似できないもの

この条件を満たす要素を一覧表にして、各項目について情報収集と分析作業を行って数値化します。その結果を合算しながら自社の強みを明確にしていくと、「どの部分で勝負できそうか」「どの部分を改善すべきか」が見える化されます。

自社の強みを把握できなければ、ビジネスを行ううえで有利に戦うことはできません。これを機にコア・コンピタンス分析を行って、自社の強みについて考えてみましょう。

数値化すれば、自社・競合の強みと弱みが見える化できる

考えるポイント

- 数値化できるようになるべく定量的な項目を設定しよう！
- 自社や競合の決算書や企業情報などは数値化に役立つ

コア・コンピタンス		自社	競合		
			A社	B社	C社
		点数	点数	点数	点数
商品力	商品企画力	60	80	90	70
	商品開発力	60	50	90	60
	ブランド力	80（強み）	30	50	60
営業力	新規開拓力	80（強み）	60	80	50
	販売促進力	40	50	90	60
	営業人員	100（強み）	90	60	50
財務力（強み）	自己資金	90	60	40	20
	資金調達力	90	60	90	60
計		600	480	590	430

結論

営業力は強く、財務基盤もしっかりしているが、
ここ数年ヒット商品がなく、定番商品への依存度が高い。
商品の企画・開発を行えば、営業力があるので
さらなる売上高アップが期待できる。

CAN-DO

- ☐ 自社の強み・弱み、競合の強み・弱みがわかる
- ☐ データなどを基に数値化するので客観性が高い

自社の商品・サービスの強み・弱みを把握する「VRIO分析」

目指すのは競争優位を持続すること

以下の4要素を分析して、将来にわたってどれだけ競争優位(強み)があるかを把握するのが「VRIO分析」です。

① **Value（経済価値）**……充分に経済的な価値があると顧客に認識されているかどうかを分析する

② **Rarity（希少性）**……市場において希少性があるかを分析。希少性が低いと、競合の参入が容易になる

③ **Inimitability（模倣可能性）**…競合に模倣されやすいかを分析。模倣されやすければ、競合に追いつかれる可能性が高い

④ **Organization（組織）**……経営資源を有効に活用できる組織体制になっているかを分析。組織が経営資源を有効活用できなければ、その企業は本来の力を発揮できない

たとえば、レストランであれば、顧客が満足する料理を出しているかは「V」に当たります。これがなければ、いくら希少性があっても競争には勝てません。他店にはない新鮮な食材や貴重な食材を使っていれば「R」があるといえます。腕のいい料理人の味を模倣するのは簡単ではないので「I」といえるでしょう。腕のいい料理人を確保し続けるためには、待遇や労働環境が整えて組織(「O」)として魅力的である必要があります。これらの条件が揃えば、競争優位を持続できます。このことから重要度が高い順に並べると「V」⇒「R」⇒「I」⇒「O」の順になることがわかります。

VRIO分析で認識した長所の強化や短所の改善を考えながら、市場での競争優位を持続させることに役立てます。

「VRIO分析」で競争優位性を判断する

考えるポイント 質問①から順に「YES」になるように課題を解決していく

質問❶ V	質問❷ R	質問❸ I	質問❹ O	
経済価値はあるか?	希少性はあるか?	模倣は難しいか?	組織に優位性はあるか?	
NO				**競争劣位**（早急に対処しなければ、経営が危ない状態）
YES	NO			**競争均衡**（希少性を加えなければ、いずれ競争劣位になる可能性がある状態）
YES	YES	NO		**一時的な競争優位**（その時点では、競争優位にあるが、模倣されれば優位性を失う可能性がある）
YES	YES	YES	NO	**持続的な競争優位**（競争優位を持続できる状態にあるが、経営資源を生かしきれていない）
YES	YES	YES	YES	**最大限の持続的競争優位**（競争優位を持続できる状態で、かつ経営資源を生かしきれている）

CAN-DO
- □ 4つの視点から自社の経営資源を評価できる
- □ 競争優位を持続させるために必要なことがわかる

事業をプロセスごとに分析する「バリューチェーン分析」

価値は企業活動の流れのなかから生まれる

消費者に届くまでに、企業が「原材料調達」「配送」「販売」といった活動を行うことで、商品・サービスに価値が生まれます。その連鎖（チェーン）が「バリューチェーン（価値の連鎖）」です。

バリューチェーンの概念を生んだ経営学者マイケル・ポーターは、図のような企業活動の流れに着目して、原材料を製品にして顧客に届けるまでの過程を**５つの「主活動」**と**４つの「支援活動」**に分け、基本形として示しました。

バリューチェーン分析では、**９つの各活動のコストと顧客に提供している価値が企業活動のどの部分で生まれているかを把握します。**また、各活動単位で強み・弱みを明らかにし、その結果をもとに今後の方策について検討します。

実際に使うときは、まず自社の主活動と支援活動を定義します。業種・業態によっては基本形に当てはまるとはかぎらないので、適宜、自社の事業の実態に合わせてアレンジします。そして各活動のコストを分析して最終コストのどれだけを占めるかを把握することで、どのプロセスで価値が生まれているかを把握します。

その結果から自社の強み・弱みは「原材料調達なのか」「製造なのか」などを分析します。たとえば、販売力が長所で価値を生み出すのに大きく貢献していれば、さらなる営業力の強化を考えたり、マーケティングの効果が出ていなければ、思い切ってコスト削減に踏み切ることなどを考えます。このようにしてバリューチェーン全体の効率化を行うことで、より強い組織を目指します。

どの企業活動が価値を生み出しているのかを把握する

! 考えるポイント 企業活動の過程は「基本形」にこだわらず
自社に合わせてアレンジする

STEP❶ **主活動と支援活動を定義する**
自社がどのような「主活動」と「支援活動」で成り立っているかを把握する。

STEP❷ **各活動のコスト分析を行う**
各活動のコストを分析して、収益性や無駄なプロセスを明らかにする。

STEP❸ **バリューチェーン全体の最適化を考える**
VRIO分析(P44)を使って競争優位性を分析し、
バリューチェーンの最適化を図る。

CAN-DO
- □ 自社と競合を分析することで長所・短所がわかる
- □ 改善すべき企業活動が明確になり、改善策を発見できる

自社にとって必要な要素を浮き彫りにしてくれる「7S」

強い組織に必要な7要素から変革のヒントが見えてくる

「7S」は世界有数の戦略コンサルティングファームであるマッキンゼー・アンド・カンパニーが提唱した、企業を構成する7つの要素の相互関係を表したフレームワークです。

7Sは、**「ソフトの4S」**と**「ハードの3S」**に分かれます。
「ソフトの4S」はすぐに変えることが難しい項目ばかりです。自分が勤務している会社の「共通の価値観（Shared Value）」を変えることを想像してみてください。とても難しいと感じるはずです。

一方、組織変更を実施すれば「組織構造（Structure）」を変えるように、「ハードの3S」は比較的変えやすい項目です。早く成果を出したいという気持ちから変えやすいところに手をつけがちですが、**最も重要なのは、図の中心にある「共通の価値観（Shared Value）」**です。全員が同じ方向を向けばより大きな力になりますし、明確な方向性を共有できれば、必要な人材やスキルなどのソフト、それらを生かすための組織構造や戦略といったハードの要素も明確になってくるからです。

図を見ればわかるように、7要素はそれぞれが関係し合っています。たとえば、「能力（Skill）」を最大限に発揮するにはどんな「組織構造（Structure）」にすべきか、「企業理念（Shared Value）」に基づいた経営を行うには、どんな「経営スタイル（Style）」にするべきかと考えていくわけです。7つの要素を行き来しながら考えることで、自社の長所・短所が浮き彫りになり、強い組織にするために必要なことが見えてきます。

「ハードの3S」と「ソフトの4S」

! 考えるポイント 各項目のつながりを見ながら整合性にも考慮しよう！

CAN-DO
- □ 社員などの関係者が目指すべき方向性を共有できる
- □ 会社を構成する7要素の整合性を確認できる

商品・サービス普及の基礎理論「イノベーター理論」

普及率16%を超えられるかがその後の普及を左右する

新商品が出たときに購入する順に消費者を５つにグループ分けして分類したのが「イノベーター理論」です。自社の商品・サービスの顧客層を把握し、販売戦術を見極めるために役立ちます。

- **イノベーター（革新者）**……市場全体の2.5%。新しいものを進んで取り入れる「新しいもの好きな人」のこと
- **アーリーアダプター（初期採用者）**……同13.5%。流行に敏感で、自ら情報収集を行い判断する人。アーリーアダプターは、その後の普及に影響力をもつため、「オピニオンリーダー」とも呼ばれる
- **アーリーマジョリティ（前期追随者）**……同34.0%。比較的新しいものに慎重だが、平均よりも新しいものを早く取り入れる人
- **レイトマジョリティ（後期追随者）**……同34.0%。大多数が取り入れてから新しいものを選ぶ人
- **ラガード（採用遅滞者）**……同16.0%。最も保守的で世の中の動きに関心が薄く最後まで動かない人

なかでも**重要なのは「アーリーアダプター」です。全体の16%に普及すれば、その後は一気に普及する**といわれているからです（**普及率16%の論理**）。ただし、目新しさに惹かれる「アーリーアダプター」と、ある程度普及したことが安心材料になる「アーリーマジョリティ」の間には深い溝（**キャズム**）があり、乗り越えるのが難しいとされています。キャズムを乗り越えるためには、「目新しさをアピール」から「多くの人に使われている実績をアピール」といったように販売戦術を変えていく必要があるということです。

キャズムをいかに乗り越えるかが普及のポイント

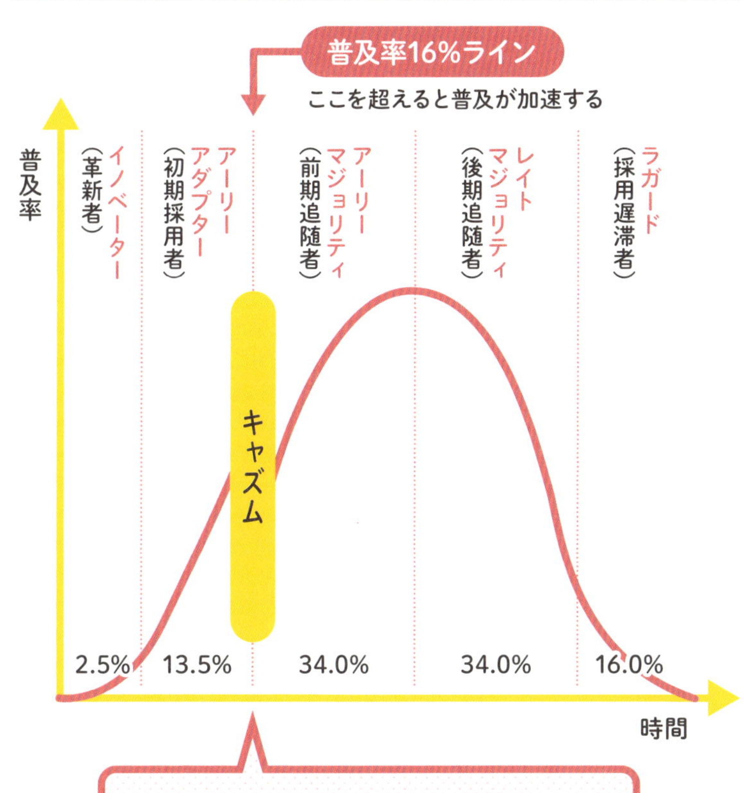

マーケットの16%に普及したら、深い溝（キャズム）があるため、さらなる普及には、「アーリーマジョリティ」に対して戦略を変えることが重要

！ 考えるポイント

- 顧客がどの段階にあるかを確認しよう
- キャズムを乗り越える段階にきたらマーケティング戦略の転換を考える

CAN-DO
- □ 顧客層に対して適切な販売戦略を考えることができる
- □ 普及する段階で「キャズム」があることを認識できる

上位20%の重要性を説く「パレートの法則」

さまざまな課題を「上位20%」で解決

マーケティング、商品開発、品質管理、在庫管理、人材マネジメントなど、幅広いテーマに活用できる「パレートの法則」を知っておくと便利です。もともとは、イタリアの経済学者パレートが提唱した「社会全体の20%の高額所得者に80%の富が集中し、80%の低所得者の富は20%にとどまる」という所得分布の不均衡を表す法則です。この考えが、世の中の多くの事象で当てはまると考えられるようになり、「上位20%が全体の80%に重大な影響を及ぼす」という法則として知られるようになりました。「80%」「20%」という数値から「**80対20の法則**」とも呼ばれます。**厳密に「80対20」にこだわるのではなく、上位が全体に重大な影響を及ぼす関係があることを理解しておくことです。**

パレートの法則に基づいて、さまざまな課題に手を打つことができます。たとえば、多品目の商品を扱っている場合は、あまり売れない商品を売ろうとするのではなく、売上高上位20%の商品に注力して販促活動を行うなどです。また、販売力強化を考えるときは、販売員のうち成績優秀者上位20%に対して報奨や権限を与えてモチベーションを高めて、より一層の売上アップを考えるわけです。

パレートの法則が教えてくれることは、「100%を目指す」という理想を追い求めて努力するよりも、**重要な「20%」を見つけ出して力を注ぐことで、効率的に「80%」の成果を残せる**ということです。この考え方はさまざまな分野に適用できるので、仕事だけでなくプライベートでも取り入れることができます。

▶「上位20%」が全体に大きな影響を及ぼしていることが多い

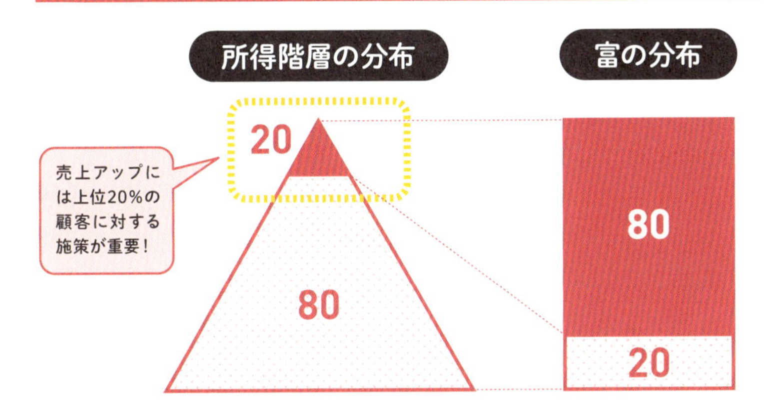

ビジネスや経済だけでなく、さまざまなことに適用できる！

【もともとの考え方】所得上位20%の高額所得者に全体の80%の富が集中している

上位20%の商品が全商品の売上高の80%を占める
➜上位20%の商品に対して集中的な販促活動を行う

上位20%の優秀な社員が売上高の80%を稼ぎ出す
➜上位20%の優秀な社員が働きやすい環境を整備する

企業の売上の80%は、全体の20%の顧客が生み出している
➜上位20%の優良顧客に対して営業を強化する

知り合いのうち大切な人は20%程度しかいない
➜20%に入らない人と会う時間は減らし、20%の人と話す時間を増やす

! 考えるポイント 重要な「20%」を見つけるために、売上高や利益などの構成比率を分析してみよう！

CAN-DO
- □ 重要な20%を知ることで効率的な行動が可能になる
- □ ヒト・モノ・カネ・時間の使い方を考えるきっかけになる

Column

気をつけたい思考のクセ②「正常性バイアス」

　予期しない事態が起こったときに、「まだ大丈夫」「まさかそんなわけがない」などと「正常の範囲内」のことと考えて、危険を過小評価してしまう心の働きを「正常性バイアス」といいます。

　東日本大震災では、地震後すぐに避難できずに多くの方が亡くなりましたが、運よく津波の被害に遭わなかった人に聞くと、「自分は大丈夫」「まさか巨大な津波が来るわけがない」と思った人がたくさんいたことがわかっています。「正常性バイアス」によって危険を過少評価していたのです。

　ビジネスシーンでも「正常性バイアス」が作用することは少なくありません。

　たとえば、それまでに同じ商圏内に競合するようなお店がなく、独占状態で業績は好調でしたが、ライバル店が現れたので偵察しました。そのときに「たいしたことないな。まさか自分の店を脅かす存在になることはないだろう」と根拠なく「大丈夫」と考えているときは要注意です。

　そんなときこそ、一度立ち止まって「コア・コンピタンス分析」(P42) をして自分のお店とライバル店を比較したり、「4C」(P76) を使って顧客視点でマーケティング戦略を考えてみることで、「なぜ自分は大丈夫なのか」と自分自身に問いかけてみたほうがいいかもしれません。

「正常性バイアス」があることを知っていれば、「もしかしたら、実際よりこの状況に対する危険性を低く見積もっていないか」と考えることができます。それができれば未来に起こりうる危機の芽を早めに摘み取ることができるようになるはずです。

敵を知らなければ有利に戦えない

競合や外部環境を分析する

業界の魅力度を分析する「5F分析」

参入したい業界や自社の状況を5つの外圧から分析する

「5F（ファイブフォース）分析」は、マイケル・ポーターが提唱した、以下の5つの力の強さから業界の魅力度を分析するフレームワークです。新規参入を検討している業界、もしくは自社が属する業界のの現状を明らかにすることで、その業界に参入できるか、控えるべきか、事業を続けるべきか、どこで収益を上げられるかなど自社が生き残るために必要なことが見えてきます。

5つの圧力が強いほどその業界で勝ち抜くことは難しく、弱いほど事業の継続や新規参入がしやすい業界といえます。

❶**業界内の競合**……同業他社との競争の激しい業界では、収益を上げづらくなる

❷**売り手の交渉力**……原材料業者（売り手）からの要求の強さ。売り手が独占・寡占企業だと売り手の力が強く、収益を圧迫する

❸**新規参入の脅威**……新規参入がしやすい業界は競合が増えやすく、競争の激化で収益性が下がりやすくなる

❹**買い手の交渉力**……顧客（買い手）の力が強いと、値下げ圧力や品質向上圧力が強まり、利益を上げづらくなる

❺**代替品の脅威**……顧客のニーズを満たす新しい製品・サービスが現れやすいと、市場を奪われる可能性が高くなる

たとえば、マッサージ店などは参入障壁は低く供給過剰なため、顧客からの値下げ圧力は強く、しかも慢性的な人手不足です。近い将来、顧客ごとの身体情報をAIで分析して最適な処置を行う機能を搭載したマッサージチェアが登場するかもしれません。

リラクゼーション業界を「5F分析」する

❸新規参入の脅威

強い

- 国家資格が不要で参入障壁が低い
- 飲食店などに比べ初期投資がかからない

❷売り手の交渉力

強い

- 慢性的な人手不足のため、従業員の待遇を上げざるを得ない

❶業界内の競合

激しい

- すでに供給過剰気味になっている
- 接骨院や整体なども ライバルになっている

❹買い手の交渉力

強い

- 競合店の乱立で価格競争が激しく、価格破壊が起こっている

❺代替品の脅威

弱い

- マッサージ機は人の手によるマッサージを脅かすほどではない

結論 ❶〜❹の圧力が強いため新規参入は難しい。
すでに事業を行っている場合は❶〜❹の対応策を！

CAN-DO

- □ 自社にとっての脅威を具体的に把握できる
- □ 事業継続や新規参入の可否を判断しやすくなる

5つの戦略が立場を逆転させる「ランチェスターの法則」

弱者でも強者に勝つための戦略がある!

もともとは軍事理論として英国人技師ランチェスターが発案した「ランチェスターの法則」ですが、現在ではビジネスという戦場で勝ち抜くための理論として応用されています。**「弱者」と「強者」に分けて、とるべき戦略を考えるシンプルなフレームワークです。**

①第１法則（一騎打ちの法則）……業界２位以下の企業や中小企業

弱者の戦略。「局地戦」「一騎打ち」「接近戦」「一点集中」「陽動作戦」のいずれかを行うことで、経営資源（ヒト・カネ・モノ）で圧倒する強者の数的優位をできるだけ発揮させないようにします。

②第２法則（集中効果の法則）……業界トップ企業や大企業

強者の戦略。「広域戦」「確率戦」「遠隔戦」「総合戦」「誘導作戦」のいずれかを行うことで、質・量で上回る経営資源（ヒト・モノ・カネ）を活用して戦い、弱者に「一騎打ちの戦略」をとらせないようにします。

強者になれるのは、業界内でもほんのひと握りですから、注目すべきは弱者の戦略である「第１法則（一騎打ちの法則）」でしょう。

その成功例としてわかりやすいのは、エナジードリンクの「レッドブル」です。それまで国内に数多くあった成熟市場と見られていたエナジードリンク市場に参入して、日本国内で首位になるまでシェアを拡大させました。同社は、キャンペーンガールを使ったプロモーション（第１法則の「接近戦」）とスポーツのスポンサーになるスポーツマーケテイング（第１法則の「一点集中」）に注力したことはよく知られています。弱者の戦略によって成功をつかんだのです。

ランチェスターの法則の「弱者の戦略」と「強者の戦略」

弱者の戦略

第1の法則
（一騎打ちの法則）

弱者の5大戦略

❶局地戦
狭い地域に限定して戦う
→ニッチ市場を狙う

❷一騎打ち
一対一の戦いに持ち込んで勝算を見出す
→ライバルが少ない市場で戦う

❸接近戦
相手と近いところで戦う
→顧客と手厚いコミュニケーションをとる

❹一点集中
特定の相手に集中して戦う
→得意分野にフォーカスして優位に戦う

❺陽動作戦
神出鬼没な奇襲攻撃をする
→手のうちを読まれないようにする

強者の戦略

第2の法則
（集中効果の法則）

強者の5大戦略

❶広域戦
広い地域で弱者の力を分散させて戦う
→エリアやビジネス領域を拡大して顧客獲得を目指す

❷確率戦
戦力で圧倒し、数を打って当てる戦いをする
→経営資源の質と量で弱者を圧倒する戦いに持ち込む

❸遠隔戦
相手との距離を取り、武器を使って戦う
→多数の顧客に訴求できる広告メディア戦略に注力する

❹総合戦
圧倒的な力を生かした戦いを展開する
→圧倒的な品揃え、広域展開などで圧倒する

❺誘導作戦
戦いやすい土俵に弱者を誘い込んで戦う
→価格や品質、アフターサービスなどで優位に立つ

CAN-DO
- □ 強者に勝つための戦略を見つけることができる
- □ 経営資源をいかにすれば効率的に使えるかが見えてくる

マクロ環境とビジネスを結ぶ「PEST分析」

世の中の潮流をビジネスにうまく取り込んで成功へ導く

ビジネスの成功には時代の流れを素早くキャッチすることは重要です。**世の中のマクロ要因を広く俯瞰して機会や脅威を探り出すためのフレームワークが「PEST（ペスト）分析」です。**

- **政治的要因（Political）**……規制緩和や市場開放によって競争相手が増えれば脅威になり、逆に規制の壁に阻まれていた分野に参入できる大きなチャンスになる
- **経済的要因（Economic）**……企業の価格戦略や商品戦略に大きく影響する経済動向を、GDP（国内総生産）成長率や物価上昇率、失業率、鉱工業生産指数などのマクロ経済指標から分析する
- **社会的要因（Social）**……社会的要因としては人口動態や世帯構成、就労形態、ライフスタイル、価値観の変化などがある
- **技術的要因（Technological）**……スマートフォンやSNSの普及で人々の情報収集やコミュニケーションのスタイルが一変したように、海外の最新動向などを見ながら将来について分析する

以上の4つの要因から組織を取り巻く外部環境について総合的に分析します。各要因について、ビジネスに影響を及ぼすと思われる項目を任意に抽出し、とくに重要と思われる項目を絞り込みます。それらが自社にどのような機会や脅威をもたらすのかを、仮説を立て考えていきます。

たとえば、フェイスブックをPEST分析するとマクロ要因のトレンドに乗ったことで大きく飛躍した一因であることが見えてきます。

フェイスブックの急速な普及をPEST分析で見る

P

Political（政治的要因）

・世界中で独裁政権が倒れたり、民主化運動が活発になった

E

Economic（経済的要因）

・所得水準が向上して、新興国でもパソコンやスマホが普及した

S

Social（社会的要因）

・手紙からEメールへと伝達手段が変わるなどライフスタイルが変化した

T

Technological（技術的要因）

・インターネットの普及が進み、世界中でより安価でかんたんに接続できるようになった

結論　フェイスブックはパソコンやスマホを使えば、無料で世界中の人とかんたんにつながることができ、自由な表現ができるため爆発的に普及した

上記のPEST分析は、郵便局や電話会社から見れば「脅威」になる。どのような手でその脅威に立ち向かうかを考える必要があるということになる。

CAN-DO

- □ 自社に影響を与えるマクロ要因を把握できる
- □ 自社にとっての将来的な機会や脅威を意識できる

競合が少ない市場で有利に戦う「ブルーオーシャン戦略&ERRC」

バリューイノベーションで競合が少ない市場を創造する

競合と血で血を争うような激しい競争が行われる市場を「レッドオーシャン」と呼ぶのに対し、**平和な海のような競争のない市場を「ブルーオーシャン」といいます。**レッドオーシャンにいれば、いずれ体力は消耗し、力尽きてしまいます。そうならないためには成熟市場における競争を前提にした差別化戦略ではなく、既存の業界にブルーオーシャンを創造して競争者がいない市場を目指すわけです。ブルーオーシャンの創出には、コストの引き下げと同時に顧客にとっての価値を向上させる「バリューイノベーション」を起こすために**「取り除く(Eliminate)」「減らす(Reduce)」「増やす(Raise)」「付け加える(Create)」**の4つの要素(頭文字から「ERRC(エルック)」と呼ばれる)について考えます。

独特なテレビCMで高い認知度を得たハズキルーペは、従来の中高年向け眼鏡市場にブルーオーシャンを創出した好例です。商品名が"ルーペ"であることからもわかるように老眼鏡ではありません。「遠視・近視の矯正機能」を取り除いて(**取り除く**)、3タイプの倍率に絞り(**減らす**)、テレビCMを大量投下してブランド価値を高め(**増やす**)、踏んでも壊れない耐久性をウリにした(**付け加える**)、いわば拡大鏡です。

競合他社が多数ひしめく中高年向け眼鏡市場で、従来型の老眼鏡で勝負しても不毛な戦いになっていたでしょう。ERRCの視点から「拡大鏡」というジャンルを創出し、バリューイノベーションを起こしたことでブルーオーシャンを創出したわけです。

ブルーオーシャンを見つけるための「ERRC」

Eliminate（取り除く）
常識になっているが取り除けるものはないか？
例）老眼鏡から視力矯正機能を取り除く

R

Reduce（減らす）
常識よりも減らせるものはないか？
例）各人の度数にカスタマイズせず、3タイプに減らす

R

Raise（増やす）
常識よりも増やせるものはないか？
例）テレビCMを大量投下し、ブランド力を増す

C

Create（付け加える）
これまでにないものを付け加えることができないか？
例）踏んでも壊れない耐久性を付け加える

バリューイノベーションとは

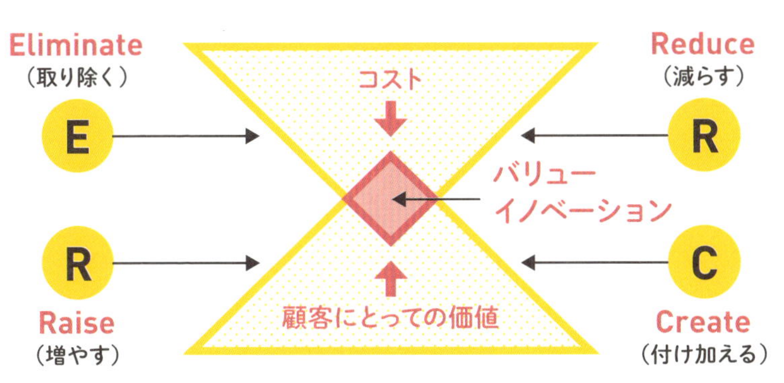

コストを押し下げるために無駄なものを「取り除いて」「減らし」、顧客にとっての価値を上げるために新たな要素を「増やし」「付け加える」ことでバリューイノベーションが生まれる。

CAN-DO	
	☐ 競争相手がいないブルーオーシャンを生むヒントになる
	☐ 競合との激しい競争（レッドオーシャン）から抜け出せる

とるべき競争戦略は3つしかない「ポーターの3つの基本戦略」

企業は3つの基本戦略のいずれかで勝負する

現代における戦略論の世界的権威であるマイケル・ポーターは、**3つの基本戦略のいずれかで強みを発揮できなければ、長期的に企業は生き残れない**と述べています。

❶**コストリーダーシップ戦略（価格戦略）**……低コストを実現して、競争に勝つことを目指す戦略

❷**差別化戦略（付加価値戦略）**……ほかにはない特異性のある高付加価値の製品・サービスで競争に勝つことを目指す戦略

❸**集中戦略（コスト集中戦略／差別化集中戦略）**……経営資源を特定セグメントに集中させる戦略。特定の顧客層に安い商品を提供する「コスト集中戦略」と、ニッチ市場に経営資源を集中して市場の支配を目指す「差別化集中戦略」に分類される

コストリーダーシップ戦略では、万人ウケする服を安く売る「ユニクロ」、差別化戦略では独特な陳列で有名な安売り店を展開する「ドン・キホーテ」、集中戦略では、軽自動車に注力することで業界内で存在感を示す「スズキ」などが代表格といえます。

ポーターは「コストリーダーシップ戦略」と「差別化戦略」は、トレードオフの関係にあるため、このどちらかがはっきりしない戦略をとると、長期的な低迷を招くと警鐘を鳴らしています。「二兎を追う者は一兎をも得ず」ということです。

自社がどの戦略をとるべきかを検討する際には、同じくポーターが提唱した「5F分析」（P56）で5つの競争要因を分析することが役立ちます。

3つの基本戦略のうちのいずれかを選ぶ

! 考えるポイント 中途半端な戦略だと長期低迷の原因になる

ターゲット ＼ 競争優位の源泉	低コスト	特異性
業界全体	**❶コストリーダーシップ戦略** 競合よりコストを引き下げ、競争優位を確保する。技術変化や新規参入などの環境変化に弱い。 〈代表例〉 ユニクロ／万人ウケするベーシックなカジュアル服を低価格で販売してアパレル国内トップに。 ニトリ／家具・インテリアの製造から販売までをほぼ自社で手掛け、低価格を実現している。	**❷差別化戦略** 競合とは一線を画した製品・サービスで競争優位を確保する。模倣されると優位性を失うことも。 〈代表例〉 ドン・キホーテ／圧倒的な低価格でコストリーダーシップ戦略を取りながら、「圧縮陳列」と呼ばれる煩雑な陳列を行うユニークな販売戦略で競合との差別化に成功している。
特定セグメント	**❸集中戦略** 特定の顧客層や地域などに集中する戦略で、2つの集中戦略がある。 （コスト集中戦略） 特定市場で競合よりもコストを引き下げて競争優位を確保する。 〈代表例〉 しまむら／20代～50代の主婦とその家族をコアターゲットにした低価格をウリにする衣料品メーカー。普段使いする服を低価格で提供するために、独自の流通技術と徹底した仕組みづくりを行う。	（差別化集中戦略） 特定市場で競合より高付加価値の製品・サービスで競争優位を確保する。 〈代表例〉 スズキ／軽自動車や小型車の開発・販売に特化することで国内トップシェアの地位を築いた。 一休.com／高級飲食店や高級ホテルに特化して数多くある予約サイトのなかで差別化に成功した。

CAN-DO

- ☐ 競合との競争に勝つための戦略が明確になる
- ☐ 明確になった戦略から具体的なアクションが導き出せる

業界内での自社のポジションを知る「コトラーの競争地位戦略」

自社と同業ライバルの地位を4つに分けて考える

「近代マーケティングの父」と呼ばれる米国人経営学者フィリップ・コトラーが、**個々の企業が置かれている業界の地位を量的経営資源と質的経営資源から「リーダー」「チャレンジャー」「ニッチャー」「フォロワー」に分類し、それぞれがとるべき戦略を示したのが「コトラーの競争地位戦略」です。**

「リーダー」は、質・量ともに充実した経営資源（ヒト・モノ・カネ）がある業界最大手の立場を生かし、あるゆる顧客のニーズに応える**「フルライン戦略」**をとります。

「チャレンジャー」は、リーダーを目指す業界大手です。リーダーと同様のラインナップで、より魅力的で商品・サービスを投入することで差別化を目指す**「差別化戦略」**をとります。

「ニッチャー」は、フルライン戦略をとる経営資源がないため、リーダーやチャレンジャーが手がけないニッチ領域で独自性や専門性を高めて競争優位を目指す**「ニッチ戦略」**をとります。

「フォロワー」は、総合力で劣る業界下位の企業群です。開発費を抑えるために上位企業の商品と似たコンセプトの商品を低価格で発売するなど事業効率を高めた**「模倣追随戦略」**をとります。

　国内の自動車メーカーを4つに分類すると、業界内のポジションとその戦略がわかりやすくなります。たとえば、リーダーのトヨタ自動車は、大衆車から高級車まで幅広い顧客に対応できるフルライン戦略、チャレンジャーである日産自動車は電気自動車に注力する差別化戦略をとっていることがわかります。

市場内の地位でとるべき戦略が変わる

リーダー

基本方針：フルライン戦略

あらゆる製品を製造し、市場全体を対象とする戦略。たとえば、自動車業界であれば、高級車、大衆車、セダン、クーペ、ワゴンなどを手掛ける。

自動車業界なら……
圧倒的なシェアを誇る
トヨタ自動車

ニッチャー

基本方針：ニッチ戦略

「ポーターの3つの基本戦略」（P64）の「集中戦略」と同じで、リーダー、チャレンジャーが未参入の分野に特化することで競争優位を確保する。

自動車業界なら……
軽自動車に特化した
スズキ

チャレンジャー

基本方針：差別化戦略

リーダーに次ぐ2〜3番手の企業は、リーダー企業が手掛けづらい新規分野で競争力を高めるなどの差別化でシェア拡大を目指す。

自動車業界なら……
電気自動車に注力する
日産自動車

フォロワー

基本方針：模範追随戦略

市場シェア下位の企業は、すでに成功している上位企業の模倣によって低コストを実現して競争力を高める戦略をとる。

自動車業界なら……
特に強い独自性がない
三菱自動車工業

！考えるポイント 自社が業界内でどの地位にいて、正しい戦略をとっているかを分析してみよう

CAN-DO
- □ 競合との競争に勝つための戦略が明確になる
- □ 自社と競合との関係性が把握できる

市場における客観的な位置を知る「ポジショニングマップ」

自社製品の立ち位置を明確にすれば進むべき道が見える

市場において独自ポジションを築いたほうがビジネスを有利に展開できます。たとえば、ステーキ専門チェーン「いきなりステーキ」は、「立ち食い、低価格、本格ステーキ」という一般的なステーキハウスとはまったく異なる独自路線で一気に業容を拡大させました。

同一市場内で自社はどんな位置づけ（ポジショニング）であるかを知ることは、自社の強みを発揮できるように競合と差別化を図るうえでも重要です。それを明らかするために便利なのが「ポジショニングマップ」です。このフレームワークは、2軸のマトリックスで分析するのが基本です。このとき問題になるのは、何を2軸にとるかです。**顧客にとって有意義な要素かつそれぞれが独立した要素で２つの対象軸をとるのがポイント**です。

右ページの図では、「価格」という数値化できる要素と「サービス」といった数値化しにくい要素を軸にとり、新たにステーキ店を出す前提で出店予定地と同じ商圏の既存の店をプロットして分析しています。数値化しにくい場合は、顧客アンケートなどで客観化する工夫も必要です。

顧客は似通ったブランドから最良のものを選ぶので、マーケティング戦略では同じカテゴリーで一番を目指すことがベストです。ポジショニングマップで、その立場になれるかの可能性や、トップになるためのヒントを探るのです。空白地帯があれば、そこは「ブルーオーシャン」(P62) ともいえますが、ニーズがない可能性もあるので、その理由を自分なりに分析することも重要です。

本格的ステーキ店の「ポジショニングマップ」

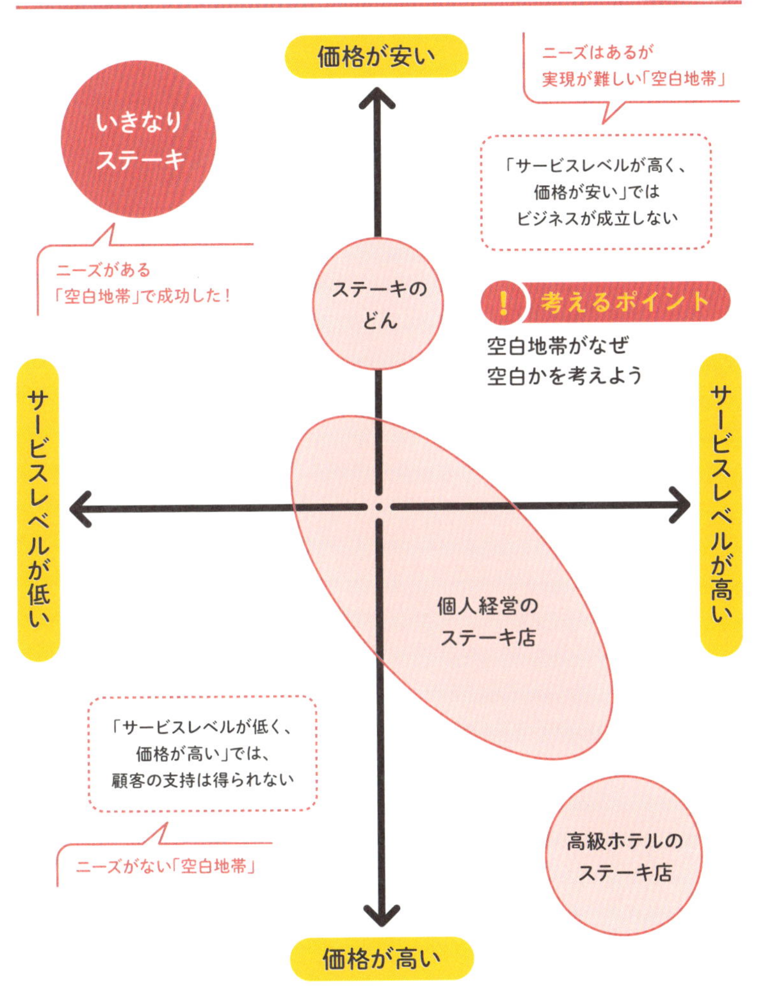

上図では「価格×サービスの質」で軸をとっているが、たとえば、「価格×店舗の規模」「コストパフォーマンス×店への入りやすさ」など、切り口を変えることで見え方が変わってくるので試してみよう。

CAN-DO
- □ 業界内における自社の立ち位置が明確になる
- □ 競争相手が少ないブルーオーシャンを見つけることができる

勝負できる立ち位置を見つける「STP分析」

客観的に自分の立ち位置を知り、今後の方向性を探る

ビジネスを展開する前に、**自社が販売するサービス・商品などの立ち位置を明確にすることは重要**です。ビジネス環境を客観的に把握し、どの立ち位置をとるかで目指すべき戦略が変わるからです。「STP 分析」では次の３ステップで立ち位置を明らかにします。

STEP1　セグメンテーション（Segmentation）……市場細分化
STEP2　ターゲティング（Targeting）……狙う市場の決定
STEP3　ポジショニング（Positioning）……立ち位置の明確化

セグメンテーションで市場の全体像を把握し、ターゲティングでその中から狙うべき市場を決定し、ポジショニングで競合他社との位置関係を決定するわけです。

まず、ニーズが異なる顧客をセグメンテーション変数(地理的変数、人口動態変数、心理的変数、行動変数など) の観点で市場を細分化 (セグメンテーション) します。この際に、いずれかのセグメンテーション変数で軸をとった「ポジションニングマップ」(P68) で、勝算がありそうなポジションを探っていきます (ターゲティング)。そして狙う市場で自社の強みをどう発揮するかを考えるのです (ポジショニング)。

STP 分析は、ユーザーのニーズを整理することにつながるため、結果的に競合の把握や「ブルーオーシャン」(P62) の発見にも役立ちます。また、それまで曖昧だった市場における自社のポジションを明確にできるので、自社の強み・弱み、目指すべき方向などを自社内ではっきり共通認識化できることも大きなメリットです。

戦う市場と戦い方を3ステップで決める

STEP❶ セグメンテーション（市場細分化）

〈セグメンテーション変数〉

- 地理的変数／エリア、立地、人口密度、文化、行動範囲など
- 人口動態変数／年齢、性別、家族構成、職業、所得レベル、教育レベルなど
- 心理的変数／価値観、ライフスタイル、性格、好み、購買動機など
- 行動変数／購買パターン、使用頻度、製品知識の有無など

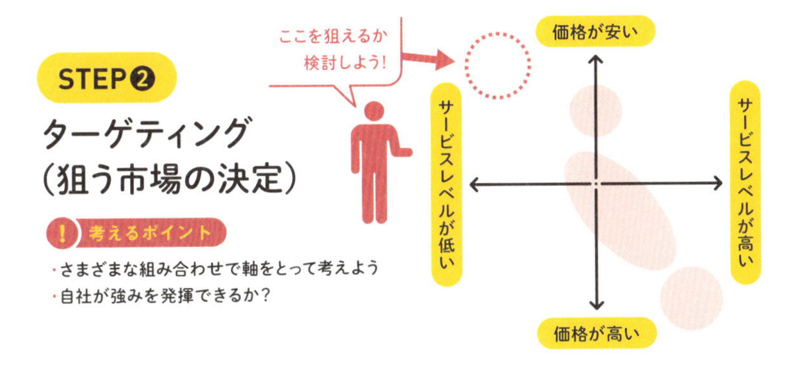

! 考えるポイント

- さまざまな組み合わせで軸をとって考えよう
- 自社が強みを発揮できるか？

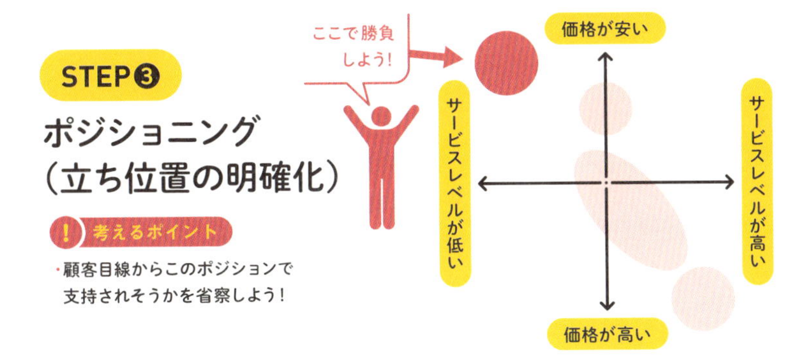

! 考えるポイント

- 顧客目線からこのポジションで支持されそうかを省察しよう！

CAN-DO

- ☐ 業界における立ち位置を明確にできる
- ☐ 自社の立ち位置にあった戦略策定が可能になる

Column

気をつけたい思考のクセ③「アンカー効果」

たとえば、スーパーに缶詰を買いに行ったときに値札シールを見ると、「500円」と書かれたシールの上に「300円」と書かれたシールが貼られていると、「500円のものが300円になっているのか。安いな。お得だから買おう」と考える人は多いはずです。

では、「300円」と書かれたシールだけが貼ってあったらどう感じたでしょうか。おそらく「500円」のシールが貼ってある場合よりもお得とは思わないはずです。

スーパーや家電量販店などでは、元の値段から安くしたという印象を与える値札を提示して顧客の購買意欲をかきたてようとすることがよくあります。これは最初の基準によって印象が変わる「アンカー（いかり）効果」と呼ばれる代表的なバイアスを利用した販売手法といえます。

また、コンビニでは定価でも気にならないのに、スーパーで同じ商品が値引きされていないと「高い」と感じることはないでしょうか。これも「アンカー効果」のひとつです。「値引きをしない」コンビニと、「値引きが当たり前」のスーパーでは価格の基準が異なり印象が変わるのです。

つまり、人は初期の基準の影響を受けやすいのです。

たとえば、値引き交渉をする場合は最初に思い切って安く価格を言ったほうが最終的な妥結額は安くなる傾向があるといわれています。基準をつくることで「アンカー効果」が働くからです。たとえば、「ハーバード流交渉術」（P126）を使って交渉するときに「アンカー効果」を効果的に使えれば、自分にとってより有利な結果を引き出せるかもしれません。

企画に行き詰まったときの処方箋

製品やサービス＆販促のアイデアを練る

「売り手」視点でマーケティング戦略を立案する「4P」

マーケティング戦略の基本中の基本のフレームワーク

企業には市場の動きに沿ったマーケティング戦略が必要です。そのときに考えるべき4つの要素が「4P」です。76ページで紹介する「4C」が「買い手」視点であるのに対し、**「売り手」視点に立ったフレームワーク**です。

①**商品やサービス（Product）**……「商品・サービス」を売るためには、顧客のニーズを把握したうえで、商品の機能や質、デザイン、パッケージ、ネーミングなどを考える必要がある

②**価格（Price）**……商品を売るためには、適切な「価格」戦略も必要になる。たとえば、化粧品は安すぎると売れないといわれるが、これは商品に見合った価格設定は重要であることを示している

③**流通チャネル（Place）**……商品の流通経路や販路はもちろん、店舗内での商品の並べ方など、消費者に渡るまでの全経路について考える。ターゲットが欲しいときに届く供給経路を確立しなければ、売れるものも売れなくなってしまう。在庫切れになって販売機会を逸しないような配送の体制、より商品が魅力的に見えるような店舗での展示方法などについても考える

④**プロモーション（Promotion）**……テレビCMや新聞・雑誌広告、ネット広告だけでなく、店頭の実演販売、無料サンプルの配布などを駆使して、商品・サービスを消費者にいかに認知してもらえるかを考える

以上の4要素を組み合わせて、相乗効果を発揮するようにマーケティング戦略を策定することが重要です。

「売り手」視点の4Pで考えるべきこと

何を売るか？

商品・サービスを顧客にどのように使ってもらいたいのか、顧客のニーズを満たす製品になっているのかを考える。

- 特徴
- 品質
- デザイン
- アフターサービス
- 保証

など

商品・サービス Product

いくらで売るか？

その商品・サービスを、いくらで売るかを考えること。適正か、割引をするかなどを勘案しながら価格を決定する。

- 希望小売価格
- 卸売価格
- 割引
- 支払条件
- 送料

など

価格 Price

Place 流通チャネル

- 流通経路
- 販売エリア
- 店舗立地
- 配送
- 在庫

など

どうやって届けるか？

顧客と商品の接点をつくること。どこで売るか、どのようにして消費者に届けるかなどを考える。

Promotion プロモーション

- 広告宣伝
- 広告媒体
- 販売促進
- 営業方法
- 広報

など

どうやって知ってもらうか？

その商品・サービスを顧客にどのように伝えるか、どんな印象・イメージをもってもらうかを考える。

! 考えるポイント 「買い手」視点の4C（P76）を併用してマーケティング戦略を考えよう

CAN-DO

- □ 対象商品・サービスのマーケティング課題を棚卸しできる
- □ 「売り手」視点でマーケティング戦略を考えられる

「買い手」視点でマーケティング戦略を立案する「4C」

「4P」をベースに生まれた顧客視点のフレームワーク

「4P」(P74) をベースに生まれたフレームワークが「4C」です。「4P」が「買い手側」視点に立ったものだったのに対し、**「4C」は顧客視点のマーケティング戦略を考えるフレームワーク**です。「4P」が生まれた1950年代は、モノが少なかったため、「売る側」の論理で商品をつくっても売れる時代でした。しかし時代は変わり、モノがあふれるようになると消費者はさまざまな商品・サービスの中から何を買うかを選べるようになったため、「売る側」は「買う側」が本当に欲しい商品・サービスを考えることの重要性が増してきました。こうした背景があり、「4C」が生まれたのです。

4Pと同様に「C」が頭文字の4要素で構成されます。

- ・顧客価値（Customer value）
- ・顧客のコスト（Cost）
- ・顧客の利便性（Convenience）
- ・顧客とのコミュニケーション（Communication）

たとえば、ここ数年、日本では書店が減り続ける一方で、ネット通販のアマゾンの存在感が大きくなっています。書店では直接手に触れ、内容を確認できるといった利点はありますが、アマゾンは、24時間購入できる、自宅へ最短で当日に宅配してくれる、送料無料、豊富な口コミなど、買い手側のニーズに応えるサービスを提供しています。

これは徹底した顧客目線でのマーケティングが行われている、わかりやすい例といえます。

買い手視点の「4C」で考えるべきこと

顧客が価値を感じるか？

顧客がその商品に価値を感じるか、満足するかを考えること。あくまでも顧客視点で考えるのがポイント。

- 品質
- デザイン
- ブランド
- アフターサービス
- 保証

など

顧客価値 Customer value

顧客が負担を感じないか？

顧客が商品・サービスに支払う金額や買うまでの時間、手間に不満がないか、満足できるかを考える。

- 商品価格
- 送料
- 販売方法
- 運営コスト
- 自社の利幅

など

顧客のコスト Cost

Convenience 顧客の利便性

- 流通経路
- 販売エリア
- 店舗立地
- 通販方法
- 支払方法

など

顧客は買いやすいか？

ターゲットとなる顧客が購入しやすいか、顧客はどこで購入したいのかなどを考える。

Communication 顧客とのコミュニケーション

- 広告媒体
- 販売促進
- 営業方法
- 広報
- 顧客対応窓口

など

顧客は何を知りたいか？

顧客の知りたい情報をどんな手段で伝えるか。顧客とどのように良好なリレーションを築くかを考える。

! 考えるポイント 「売り手」視点の4P（P74）を併用してマーケティング戦略を考えよう

CAN-DO
- □ 対象商品・サービスのマーケティング課題を棚おろしできる
- □ 「買い手」視点でマーケティング戦略を考えられる

消費者の心理プロセスをまとめた「AIDMA」

購入するまでの心の動きを知り、対応策を考える

消費者として何かを買うときに、「自分はどのように考えて、最終的に商品・サービスの購入をしたのか」を考える人はそう多くはないでしょう。しかし、**商品・サービスを売る立場であれば、消費者の心の動きを知っておく必要があります。**消費者が購入したくなる気持ちに誘導できれば、自社のサービス・製品がより売れるはずだからです。消費者が商品・サービスの購買を決めるまでの一般的な心理プロセスを端的に示したのが「AIDMA（アイドマ）」です。

① **A**ttention（注意）……まず商品の存在を知り、注目する
② **I**nterest（関心）……商品に興味・関心をもつ
③ **D**esire（欲求）……興味をもつと、欲しくなる
④ **M**emory（記憶）……欲しくなったものを記憶する
⑤ **A**ction（行動）……購入する

消費者は、このプロセスを経て購入を決意し、購買行動を起こします。「そう言われてみれば、自分もたしかにそうだ」と思うのではないでしょうか。

商品・サービスの販売を強化する場合は、このプロセスをよく理解することです。そのうえで各段階で消費者に対して、どんな施策をすれば効果的なのかを具体的に検討していきます。

たとえば、新商品の認知度を上げたいならターゲット層に広告やダイレクトメールを打ち、商品を記憶してもらっているのに売れない場合は、購入という「行動」を起こしてもらうために「売る場所を増やす」などの施策を考えるのです。

「AIDMA」の各プロセスでやるべきこと

消費者の心理プロセス		消費者の心理状態	やるべきこと	
A Attention 注目	認知段階	知らない	認知向上	テレビや雑誌、DMなどで周知を図る
I Interest 興味	感情段階	知ってはいるが興味はない	評価育成	広告、パンフレット、口コミなどで興味を喚起させる
D Desire 欲求	感情段階	・いいと思わない ・興味はあるが欲しくない	ニーズ喚起	広告、パンフレット、口コミなどを駆使して購入するメリットを訴求する
M Memory 記憶	感情段階	・欲しいと思うが動機がない ・忘れてしまう	・購入動機の提供 ・記憶の呼び起こし	購入を正当化できる情報を提供して、購入を決断するまで注意を引き続ける
A Action 行動	行動段階	買うか迷っている	購入機会の提供	購入場所を増やす、無料配送をするなど、購入しない理由をなくしていく

CAN-DO

- □ 消費者が「購入する」までの心理プロセスを理解できる
- □ 消費者の段階に応じたマーケティング施策を考えられる

ネット時代の消費者心理を示した「AISAS」

検索と情報共有に着目して販売戦略を打ち出す

インターネットの普及によって人々の消費行動は大きく変化しました。Eコマースにおけるマーケティング施策を考えるときに「AIDMA」(P78)の視点で商品・サービスの販売戦略を練っても、有効な手立てにならないケースが増えています。

インターネットで情報収集する消費者が商品・サービスの購入に至るまでの心理プロセスを的確にとらえることは、ビジネスを成功させるうえで極めて重要です。その購買行動を表すモデルが「AIDMA」をアレンジした「AISAS(アイサス)」です。

① **A**ttention(注意)……まず商品の存在を知り、注目する
② **I**nterest(関心)……商品に積極的な興味・関心をもつ
③ **S**earch(検索)……興味をもった商品をネット検索する
④ **A**ction(行動)……検索した結果、納得できれば購入する
⑤ **S**hare(共有)……購入後にSNSなどで情報を発信する

「AIDMA」との違いは、購入後の評価がSNSやブログなどで「共有」されることで、つながりがある知り合いや不特定多数の人に情報が拡散されるプロセスが加わっていることです。 商品・サービスを購入した人が共有した内容は、信憑性が高い口コミとなって広がり、その情報を見た人を「買ってみたい」という気持ちに突き動かします。「インスタ映え」する商品が人気化するのは投稿の拡散効果が大きいからです。SNSに投稿したくなる仕掛けを考えることも重要です。

一方でネガティブな情報も一気に拡散するので、その点にも注意を払いながら「いかにシェアしてもらうか」を考えましょう。

「AISAS」の各プロセスでやるべきこと

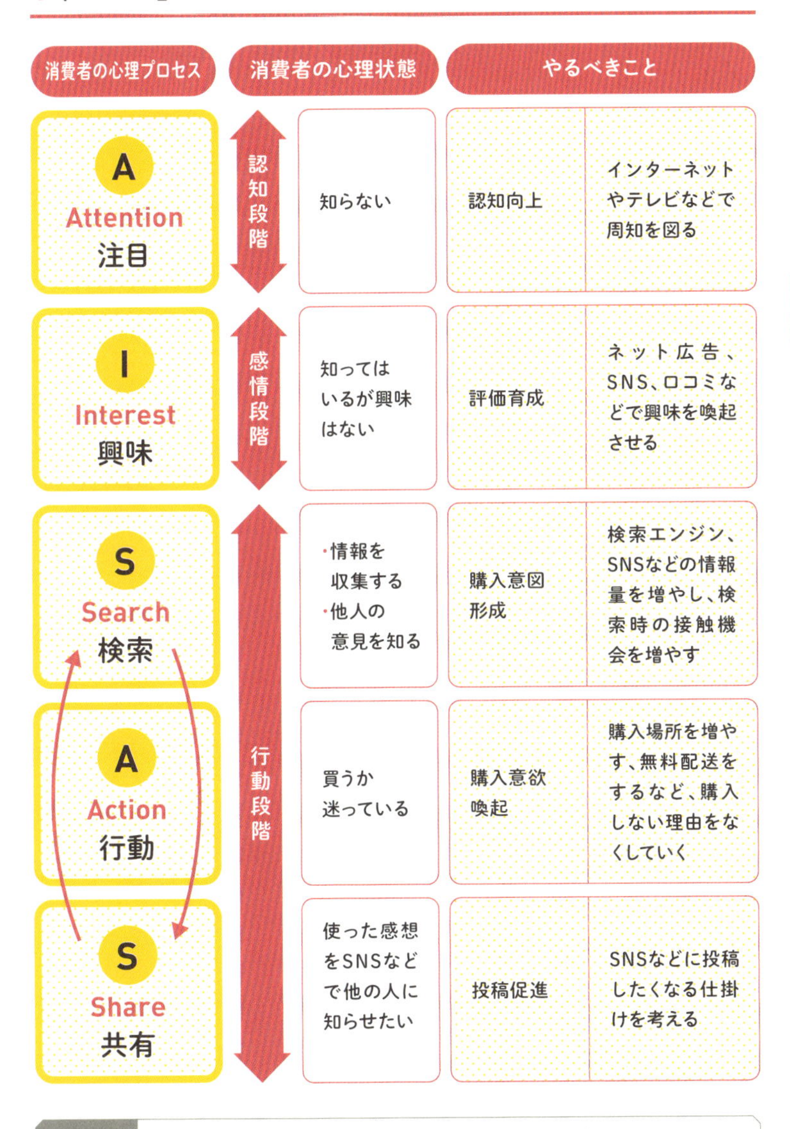

消費者の心理プロセス		消費者の心理状態	やるべきこと	
A Attention 注目	認知段階	知らない	認知向上	インターネットやテレビなどで周知を図る
I Interest 興味	感情段階	知ってはいるが興味はない	評価育成	ネット広告、SNS、口コミなどで興味を喚起させる
S Search 検索	行動段階	・情報を収集する ・他人の意見を知る	購入意図形成	検索エンジン、SNSなどの情報量を増やし、検索時の接触機会を増やす
A Action 行動	行動段階	買うか迷っている	購入意欲喚起	購入場所を増やす、無料配送をするなど、購入しない理由をなくしていく
S Share 共有	行動段階	使った感想をSNSなどで他の人に知らせたい	投稿促進	SNSなどに投稿したくなる仕掛けを考える

CAN-DO

- □ ネット時代の消費者の「購買」までの心理プロセスがわかる
- □ SNSなどを活用したマーケティングの施策を考えられる

SNS時代の消費行動モデル「SIPS」

企業ではなく、消費者が販促活動で大きな役割を担う

「SIPS」は、マーケティングにおいて避けては通れなくなった、SNSなどを活用する消費者の行動モデルです。消費行動の起点が「AISAS」(P80)などのように広告やCMによる「認知」ではなく、SNSなどに対する「共感」になっていることが特徴です。

・**S**ympathize(共感)……昨今は消費者から「共感」を得ることの重要性が増している。売り手はSNSなどを駆使して、いかに商品・サービスについて共感を得るかを考える

・**I**dentify(確認)……消費者は、膨大な情報のなかから自分にとって有益であると思えるものを「確認」しながら取捨選択する。ターゲットに対し、いかに有益な情報を発信できるかが重要

・**P**articipate(参加)……価値があると認識してもらえれば、リツイートや「いいね!」、口コミなどで情報を拡散させるなど、結果的に消費者が商品・サービスの販促活動に「参加」してくれる

・**S**hare&**S**pread(共有&拡散)……そして「参加」した人が友人・知人に対して行う「共有」行動は、SNSなどのつながりを通じて「拡散」し、それがさらなる共感を生み出すことにつながる

超低予算で製作された映画「カメラを止めるな!」は、SNSや口コミで評判が広まり、共感が共感を呼んだことで大ヒットにつながりました。たとえ、お金がなくても消費者に支持される商品・サービスを提供すれば、消費者は率先して「参加」「共有&拡散」をすることで広告・宣伝に一役買ってくれるのです。いかにこうした循環をマーケティングによって生み出すかが重要になっています。

「SIPS」の各プロセスでやるべきこと

消費者の行動	具体的な行動	やるべきこと
S Sympathize 共感	商品そのもの、企業の姿勢、口コミなどの情報に共感する	・共感を得られる情報を発信する ・消費者に受け入れられる商品・サービスを提供する
I Identify 確認	共感した情報が自分にとって有益な情報かを検索したり、メディアの情報、友人との会話などから確認する	インターネット上の情報だけでなく、従来メディアも使って、消費者が「確認」しやすいような情報を発信する
P Participate 参加	「いいね！」やリツイートをしたり、実際に商品を購入する	・商品・サービスを購入してもらう ・購入しなくても、「いいね！」やリツイートをしてもらう仕掛け（インスタ映えする商品など）を考える
S Share & Spread 共有&拡散	「いいね！」やリツイート、口コミがつながりのなかで共有され、それがさらに拡散する	・「P（参加）」と同じ ・拡散力が高いユーザー、メディアなどを使ったマーケティング戦略を考える

拡散した情報がさらなる共感を呼ぶ

CAN-DO
- ☐ SNSを利用する消費者の行動が理解できる
- ☐ SNSなどで「共感」を呼ぶことの重要性がわかる

バラバラな意見や考え方をまとめる「KJ法(親和図法)」

アイデア発想法、創造的問題解決法の代表的手法

一人で悩んでもなかなか解決までたどり着けないときは、関係者で集まって情報やアイデアを出し合うことが解決への近道です。ブレインストーミングなどでアイデア出しを行うときに、その結論を探るためには「KJ法(親和図法)」を用いると便利です。

①**情報の洗い出し**……まず検討テーマをメンバーで共有して、思いつくアイデアや意見を付箋などに1人5～10個程度、簡潔かつ具体的に長くても30字以内で書き出す( )

②**親和度でグループ化**……書き終わったら貼り出して、すべての意見やアイデアを共有する。それらを見ながら、似かよった内容でグループ化する( )

③**グループの内容を表現**……グループ化した付箋から「これらは何を言いたいのか」を読み解き、違う色の付箋に文章で書き出し、小グループにまとめる( )

④**集約作業の繰り返し**……小グループを親和度によって中グループにまとめ、さらに中グループにもメッセージをつけ、親和度で大グループにまとめまる( )。この作業を繰り返す過程で、言いたいことが近いグループを近くに置くようにして、わかりやすい図にしていく

⑤**結論を導き出す**

最終的に3～5つくらいの大きなグループにまとめた図を見ながら、「何を言い表そうとしているのか」を議論すると、アイデアがまとまったり、問題解決の道筋が見えてくる

KJ法(親和図法)のグルーピングと関係性の記入例

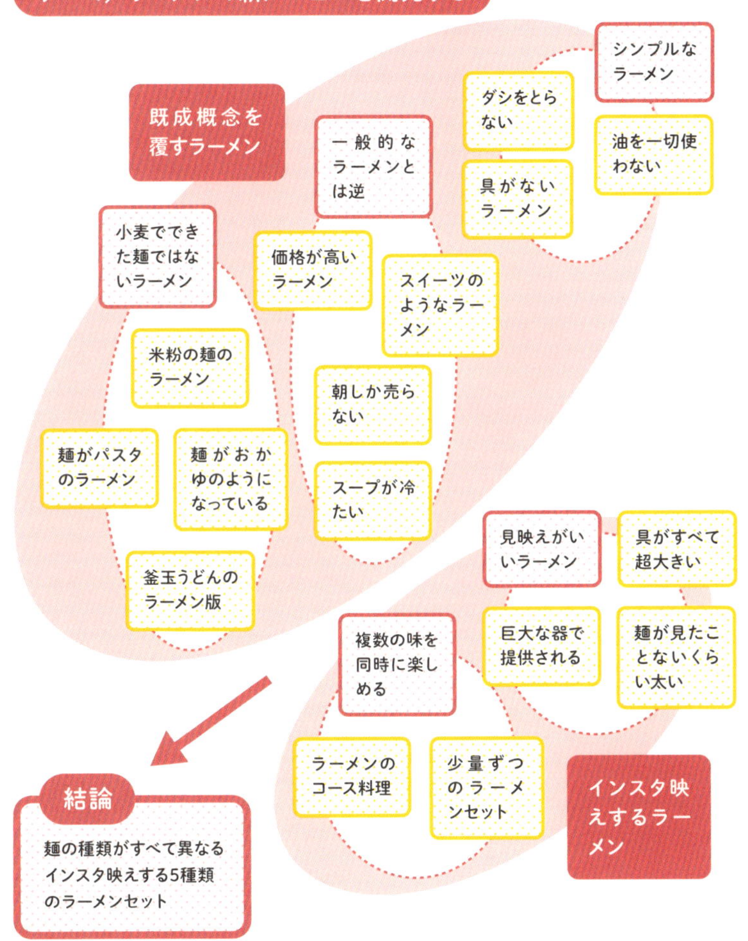

! 考えるポイント すべての項目を埋めてからも全体を俯瞰して調整しながら整合性をチェックしよう

CAN-DO
- □ 数人のアイデアを端的にまとめることができる
- □ はっきりしなかった問題点の本質をあぶり出せる

6つの視点でブレストする「シックスハット法」

ゲーム感覚のブレストで新しいアイデアをひねり出す

参加メンバーが6色（白・赤・黄・黒・緑・青）の帽子（シックスハット）を順番に被って、色ごとに決められた視点で発想してブレインストーミング（以下、ブレスト）を行うのが「シックスハット法」です。一般的なブレストでは、参加者の視点に制限を加えることなく多様なアイデアを出していきますが、**シックスハット法では帽子を被ることで参加者の視点を限定するのが特徴です。**

実際に帽子を被らなくてもかまいませんが、参加者が各ステップごとに同じ色の帽子を被るのが正しいやりかたです。人数分の6色の帽子を用意してゲーム感覚で楽しみながら取り組むことでゲーミフィケーション（ゲーム要素を入れて，人を楽しくやる気にさせること）の効果が期待できます。なお、4～6人で行うのがベストで、一人がファシリテーターとして進行役を務めます。

シックスハット法では、あらかじめ「テーマはなにか」「ゴールはどこか」を明確にしておくことが大切です。まず、「白」の観点で課題についてブレストを行います。強引にでも参加者が同じ視点から意見を出すことがポイントです。たとえば、「黄」の帽子のときは、プラス思考で意見を出さなければいけませんが、たとえネガティブな意見しか出ないような状況でも、強制的にポジティブな発想をしてアイデアを出すようにします。あらかじめ各色ごとの時間を5分程度で設定し、順番に切り替えながら、最後の「青」まで同じ要領でブレストを行います。色の順番には意味があり、色が進むごとに意見がブラッシュアップするように設計されています。

「シックスハット法」の基本的な流れ

STEP1 参加メンバーに「課題」と「ゴール」を説明

STEP2 進め方やルール、色ごとの観点および視点について説明

STEP3 「❶白」から「❻青」までルールに則って議論する

STEP4 課題に対するゴールを導き出す

「シックスハット法」の6つの帽子の役割

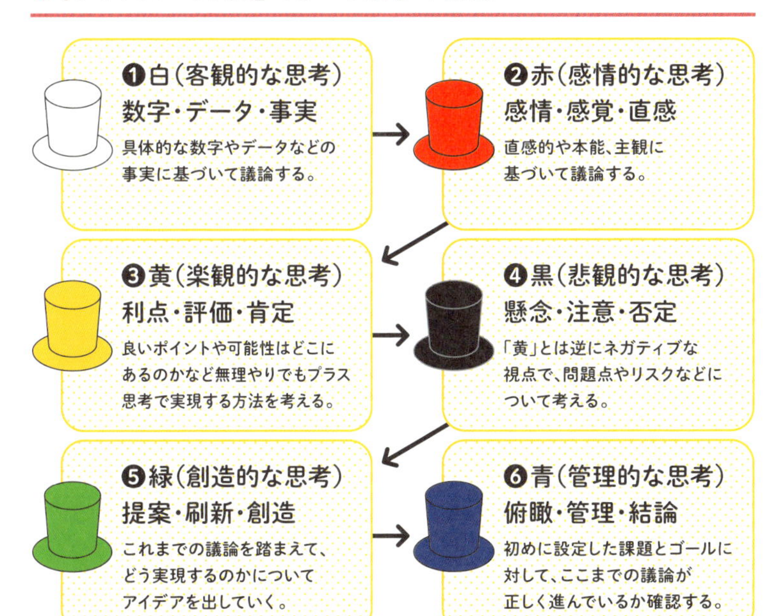

❶白（客観的な思考）
数字・データ・事実
具体的な数字やデータなどの事実に基づいて議論する。
❷赤（感情的な思考）
感情・感覚・直感
直感的や本能、主観に基づいて議論する。
❸黄（楽観的な思考）
利点・評価・肯定
良いポイントや可能性はどこにあるのかなど無理やりでもプラス思考で実現する方法を考える。
❹黒（悲観的な思考）
懸念・注意・否定
「黄」とは逆にネガティブな視点で、問題点やリスクなどについて考える。
❺緑（創造的な思考）
提案・刷新・創造
これまでの議論を踏まえて、どう実現するのかについてアイデアを出していく。
❻青（管理的な思考）
俯瞰・管理・結論
初めに設定した課題とゴールに対して、ここまでの議論が正しく進んでいるか確認する。

! 考えるポイント

- 途中でうまく進行していないときはファシリテーターが“青の帽子”を宣言して話を整理しよう！
- 参加者が楽しめる雰囲気をつくることを心がけよう！

CAN-DO

- □ 楽しみながらブレインストーミングを実施できる
- □ 色ごとのテーマを順に議論することでゴールに到達できる

連想を芋づる式に広げて発想する「マインドマップ」

▶楽しみながらアイデアを広げていく思考法

「マインドマップ」はイギリスで生まれた、自由に発想することで新しいアイデアを得ようとする思考法で、ビジネスの世界でも広く活用されています。**最大の特徴は自分の頭の中で考えていることをビジュアル化する点にあります。**

「マインドマップ」をつくる際のポイントは5つです。

①**テーマの印象を高める**……真ん中に据えるテーマは重要。文字だけでなく、イラストや写真などで強調して印象に残るようにする

②**アイデアを連想して枝を広げる**……思いつくキーワードやアイデアを中心から広げていくように枝を描いていく

③**枝の太さを変える**……中心に近い枝ほど太くすると、各キーワードがテーマからどれくらいの距離感にあるかがわかりやすくなる

④**カラフルに描く**……キーワードにアイコンやイラストをつけたり、枝を色分けしてカラフルなマップにすると楽しんで作成できる

⑤**囲みや矢印で関連付ける**……いったんでき上がったマインドマップを俯瞰し、関連するキーワード同士を○で囲んだり、キーワード間の関係を矢印で示すことで、その全体の意味がよりわかりやすくなる。その際、気づいたことがあれば、それを書き加える

「マインドマップ」は、「MECE」(P10) や「WHY ツリー」(P96) のように、**論理的な整合性を気にせずに、楽しみながら思い浮かべたことを書いていくのがポイントです。**こうして描き終わったところでマインドマップを俯瞰することで、自分の頭の中に散らばっていたアイデアを整理・集約できるのです。

「マインドマップ」を描くための4つのステップ

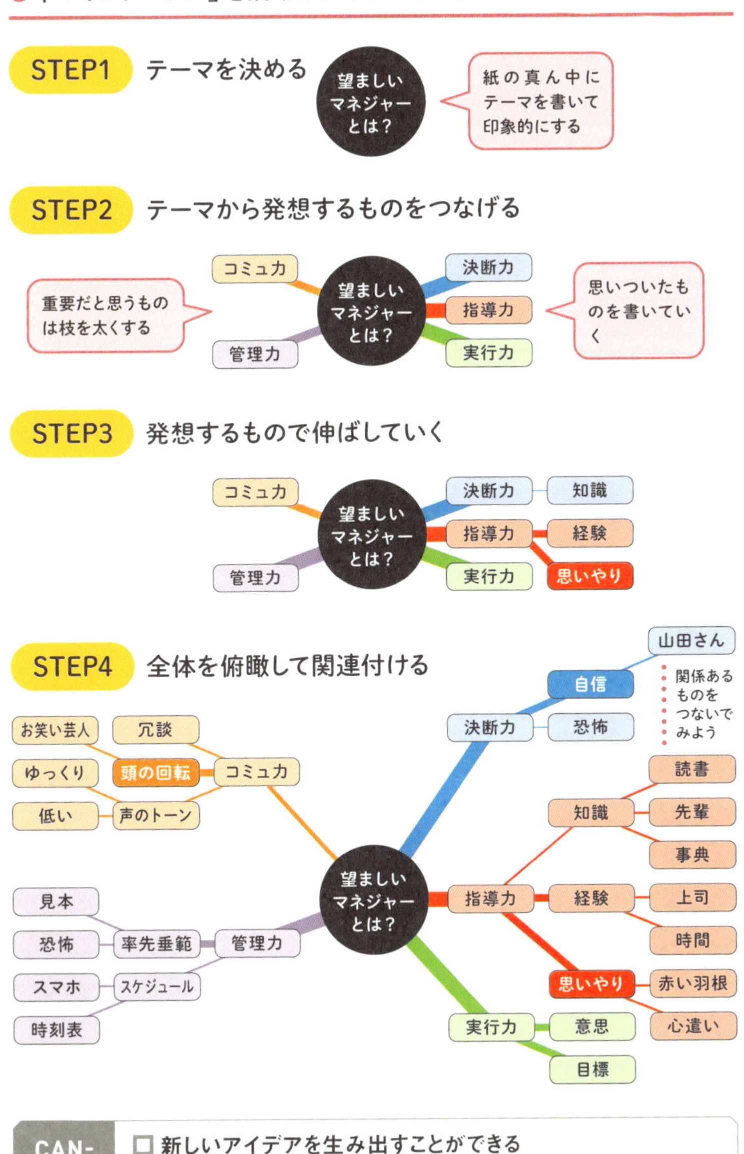

CAN-DO	
	□ 新しいアイデアを生み出すことができる
	□ 自分の頭の中を整理できる

9つの切り口で発想する「オズボーンのチェックリスト」

考えるヒントが詰まったフレームワーク

斬新なアイデアはそう簡単に生まれません。発想に行き詰まって袋小路にはまったときに、頼りになるのがブレインストーミングの生みの親アレックス・F・オズボーンが考案した「オズボーンのチェックリスト」です。あらかじめ用意されたチェックリストに沿って答えていくだけで新しいアイデアを得ようとする方法で、チェックリストは9つの切り口で構成されています。1人でもできる発想法ですが、ブレインストーミングのように、複数人で行うこともできます。

まず、考えるべき課題・テーマを明確にしたら、チェックリストの「❶転用」から順番にアイデアを発想していきます。思いつく限りのアイデアを書きとめ、アイデアが出なくなったら次の質問に進みます。**すべての質問に対して無理やりでもアイデアをひねり出すようにします。**そしてすべての質問に答えたあとに、ひねり出したアイデアのなかから、「これはいけそうだ」と思えるようなアイデアがあるかを探します。

たとえば、「新しいタイプの鉛筆」をテーマに考えているときに、いいアイデアが出ずに行き詰ったら、「**転用**できないか？⇒ 食べものにも書ける鉛筆」、「**応用**できないか？⇒ボールペンのように消しゴムでも消せない鉛筆」といったように「**❶転用**」から「**❾結合**」まで順にアイデアを出していくわけです。

9つの項目は、あくまでも「思いつき」を誘発させるための仕掛けです。出したアイデアが❶～❾のどの項目に当てはまるかは必要以上に気にせず、どんどんアイデアを出していくことも大切です。

「オズボーンのチェックリスト」の9つの切り口

❶転用

他に使い道はないか？

・今のままでほかに使い道がないか
・改善、改良すれば別の用途がないか

❷応用

他からアイデアが借りられないか？

・マネできるものはないか
・ほかに似たものはないか

❸変更

何かを変えたらどうか？

・色や様式、型、あるいは意味などを変更したら新しいものが生み出せないか

❹拡大

大きくしたらどうか？

・大きくできないか
・重く、長く、厚くできないか

❺縮小

小さくしたらどうか？

・小さくできないか
・軽く、短く、薄くできないか

❻代用

他から代用できないか？

・他の方法はどうか
・他の素材はどうか

❼置換

入れ替えたらどうか？

・順番を入れ替えるとどうか
・要素を入れ替えたらどうか

❽逆転

逆にしたらどうか？

・上下をひっくり返したらどうか
・左右を逆にしたらどうか
・役割を逆転させたらどうか

❾結合

組み合わせたらどうか？

・アイデアを組み合わせたらどうか
・混ぜたらどうか

! 考えるポイント 無理やりでもアイデアを出すことが斬新なアイデアにつながる！

CAN-DO
- □ アイデア出しで行き詰まったときに考えるヒントになる
- □ 1人だけでも使えるが、複数人でも使うことができる

7つの切り口で発想する「SCAMPER」

「オズボーンのチェックリスト」を改良した発想法

「SCAMPER（スキャンパー）」は、９項目からなる「オズボーンのチェックリスト」（P90）をより使いやすくするために、①代用（**S**ubstitute）、②結合（**C**ombine）、③応用（**A**dapt）、④修正（**M**odify）／拡大（**M**agnify）／縮小（**M**inify）、⑤転用（**P**ut to other uses）、⑥削除（**E**liminate）、⑦逆転（**R**everse）／再編集（**R**earrange）の７項目に減らし、それぞれのチェックリストの頭文字を「SCAMPER」と並べて覚えやすくしたものです。どちらも基本的には使い方は同じですので、覚えやすいほうを使えばいいでしょう。

検討するテーマを決めたら、「オズボーンのチェックリスト」と同様に、①～⑦の順に沿ってアイデアを出し、出尽くしたら次の項目に移ってアイデアを検討していきます。

その際に注意したいのは、**複数の人が同じアイデアを出したからといって、そのアイデアを安易に取り入れないことです。**アイデアの良し悪しは多数決で決まるようなものではありません。大多数の人から反対されるようなアイデアに素晴らしいものが含まれていることも少なくありません。大切なのは目的に照らし合わせたときに、どのアイデアが最も良いか、ということです。

この作業をするときは、出されたアイデアをホワイトボードや付箋などに書いて見える状態にしておくと、新たなアイデアを誘発させるのに役立ちます。また、人間の集中力には限界があるので、最大２時間程度を目安に実施時間をあらかじめ決めておきましょう。

「SCAMPER」の7つの切り口

考えるポイント 英語の意味を暗記してしまえば、思い出しやすいので便利

S	Substitute（代用）	・何かの代わりになるか ・一部を代用することができるか ・代わりになる製品・サービスはあるか
C	Combine（結合）	・他のものやアイデアと組み合わせられないか ・誰かと組み合わせられないか
A	Adapt（応用）	・異なる形にしたらどうか ・新たな目的に応用できないか ・調整したらどうなるか
M	Modify（修正） Magnify（拡大） Minify（縮小）	・色、音、動き、形、サイズを変えたらどうか ・大きく、強く、太く、高く、長くしたらどうか ・小さく、軽く、遅く、少なくしたらどうか
P	Put to other uses（転用）	・使う場面を変えたらどうか ・使い方を変えたらどうか ・使う時間を変えたらどうか
E	Eliminate（削除）	・取り除いたらどうか ・切り離したらどうか ・シンプルにしたらどうか
R	Reverse（逆転） Rearrange（再編集）	・順番を逆にしたらどうか ・パターン、レイアウトを変えたらどうか ・（組織などを）再編成したらどうか

CAN-DO
- ☐ アイデア出しで行き詰まったときに考えるヒントになる
- ☐ 1人だけでも使えるが、複数人でも使うことができる

Column

気をつけたい思考のクセ④「自己奉仕バイアス」

目標達成できなかったときに、上司は部下の出来の悪さのせいにし、一方で部下は自分の営業力を棚に上げて上司のマネジメント力のなさのせいする——、目標達成できたときは、上司は自分の手柄であることを誇示し、部下も自分のおかげと思っている——こんな経験はないでしょうか。
「自己奉仕バイアス」は、成功したときは自分自身の能力によるもの、失敗したときは自分以外の外的な要因によるものだと思い込む考え方で、多くの人は心当たりがあるはずです。

人が「自己奉仕バイアス」の影響を受けやすいのは、本能的に「自尊心を維持したい」と思うからでしょう。しかし、「自己奉仕バイアス」の影響が強いと、自己評価と他者評価の乖離が大きくなり、さまざまな弊害が起こります。他者評価が低いのに自己評価が高すぎる人は「こんなに頑張っているのに、周囲は自分のすごさを理解してくれない」と不満を募らせるでしょうし、他者評価が高いのに自己評価が低すぎる人は、周囲からの高評価を素直に受け入れられないかもしれません。

とくに注意すべきなのが、失敗した要因を自分以外の外部要因に求める傾向が強い人です。なぜなら、その考え方では反省する機会を逸し、同じ失敗を繰り返す可能性が高くなるからです。

仕事ができる人は、同じ過ちを繰り返さないために率先して「自分に原因を求める」ものです。自分に原因があると思えれば、「WHYツリー」(P96)を使って原因を突き止められますし、「HOWツリー」(P98)で解決策を見つけることもできます。失敗に向き合うからこそ失敗を繰り返さないようにできるのです。

THE BEGINNER'S GUIDE TO BUSINESS FRAMEWORKS

Part

困ったときに突破口が見えてくる

未来をより良くするために課題を解決する

問題の原因を突き止める「WHYツリー」

解決したい問題について「なぜ」と問い続ける

問題の解決にたどり着くためには、問題の根本的な原因を突き止め、その原因に対して解決策を講じなければいけません。

その問題の原因を探るために便利なのが、「WHY ツリー」です。これはロジックツリーと呼ばれる論理的思考法のひとつです。

ビジネスにおいて何か問題を解決しなければいけないときに、本質的な原因を突き止められなければ、解決策を実行しても解決できません。**「WHY ツリー」を使って「なぜ？」を自問自答し続けることで本質的な原因を探っていきます。**

まず大切なのは、第1階層に設定する命題をしっかり設定することです。「WHY ツリー」は解決策を探るわけですから「なぜ冬になると売上が伸びない」のように解決したい問題を書き入れます。第2階層には、MECE（P10）になるように「なぜ？」となる要素を分解して書き入れていきます。このときに**四則演算で考えると MECE になるように分解しやすくなります。**たとえば、「売上」を問題にするなら、売上はどのように計算されるかを考えます。「売上＝客数×売れた商品数」や「売上＝商品 A ＋商品 B ＋……」と考えることができますから、その数式の要素になっている「客数」「売れた商品数」に分解して「なぜ？」を考えていくわけです。

「なぜ？」を問いながら、第2階層、第3階層と繰り返してブレークダウンしていきます。また、決まりごととして階層が深くなるにつれ、より具体的な内容にしていかなければいけません。こうすることで問題となっている原因に近づくことができます。

原因を突き止めるための「WHYツリー」の例

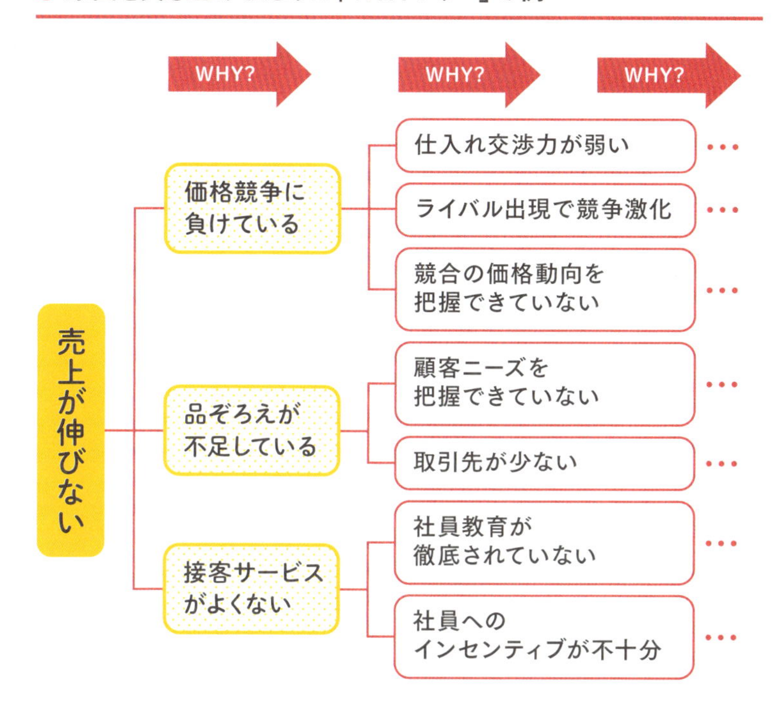

四則演算で考えるとMECEにできる

例）売上をMECEにする

・売上＝商品A＋商品B＋商品C…… ⇒商品ごとに分けて考える

・売上＝各店舗売上×店舗数 ⇒店舗ごとに分けて考える

例）利益をMECEにする

・利益＝売上-コスト ⇒売上高と費用に分けて考える

・経常利益＝営業利益＋営業外収益ー営業外費用 ⇒営業利益、営業外収益、営業外費用に分けて考える

例）コストをMECEにする

・コスト＝固定費＋変動費 ⇒固定費と変動費に分けて考える

・営業費用＝売上原価＋販売費＋一般管理費 ⇒売上原価、販売費、一般管理費に分けて考える

CAN-DO

□ 問題の原因を見つけることができる

□ どのようにして改善すべきかが見えてくる

問題解決策を具体化させる「HOWツリー」

解決したい問題について「どうやって?」と問い続ける

「WHY ツリー」(P96) で問題の本質とその原因を特定したら、その解決策を考えなければいけません。問題解決策を考えるのに役立つのが「HOW ツリー」です。

基本的な使い方は「WHY ツリー」の「なぜ?」を「どうやって?」に変えるだけで同じです。解決したいことを第1階層に書き入れ、「どうやって?」と問いながら、問題の解決につながりそうな方法を「WHY ツリー」と同様、**MECEになるように書き入れ、第2階層、第3階層と深堀りして、その解決策を具体化していきます。**

たとえば、第1階層に「売上を増やす」と書いたら、「どうやって?」と問い、第2階層にはその解決策として「価格を安くする」「営業力をアップする」などと書き入れます。このときに、「競合との価格競争に勝つ」「競合より安く販売する」など、MECE ではない内容の重なる解決策を並べると、HOW ツリーが必要以上に広がってしまって収拾がつかなくなるので注意しましょう。そうしないために、「3C」(P24) の「自社、競合、顧客」など、すでに MECE になっている他のフレームワークの要素を転用するのはひとつの方法です。

もし作業中に行き詰まったら一気に完成させようとせず、少し時間を置いてから作業を再開するとうまくいくことがあります。

「HOW ツリー」「WHY ツリー」のようなロジックツリーは、たとえ面倒でも実際に手を動かしながら書いたほうが頭が動きます。また、パソコンやスマホで使えるロジックツリー作成アプリがあるので、それらを利用するのもひとつの方法です。

問題解決のための「HOWツリー」の例

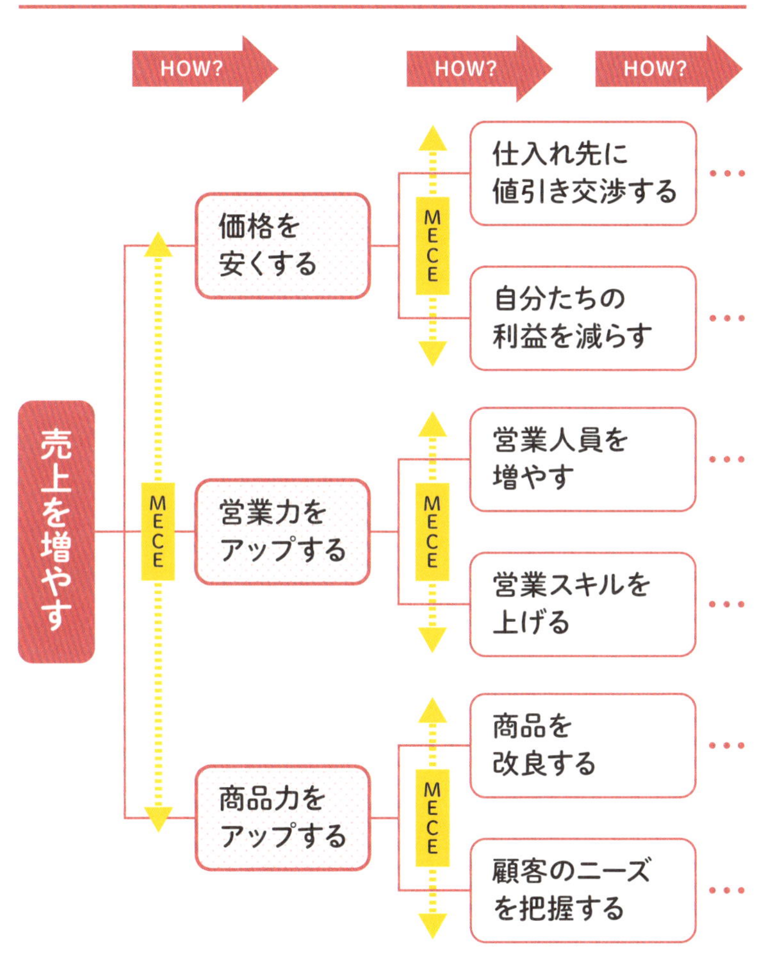

考えるポイント

- 「MECE」(P10)になることを意識しながら、できるかぎり深堀りしていこう
- 右にある事柄を行うと、左にあることが実現するかを確認しよう

CAN-DO	
	□ 問題の解決策を見つけることができる
	□ 改善すべき点が俯瞰できるようになる

仕事を改善・効率化するのに役立つ「PDCA」

PDCAのサイクルを常に意識して仕事をする

PDCAは、業務改善のプロセスを示したフレームワークです。

❶ **Plan（計画）**……目標や方針を明確にして実行計画を策定する

❷ **Do（実行）**……「計画」に沿って着実に実行する

❸ **Check（評価）**……「実行」した成果について評価し、成功および失敗の要因を分析する

❹ **Action（改善）**……「評価」をもとに行動を改善していく

PDCAのサイクルは「1周させれば終わり」ではありません。❹Action（改善）までのひと回りが完了したら、その改善の取り組みや反省点を継承して、次のPDCAサイクルへつなげていくのです。このサイクルを繰り返すことで、改善のレベルが上がっていきます。

❶Plan（計画）では、最終的な目標とは別に、目標達成までの過程における段階的な目標を設定するのもひとつの手です。たとえば、営業部の目標を「売上を○○万円アップ」に設定した場合は、1サイクル目では「訪問件数」、2サイクル目では「成約件数」といった段階的目標を設定し、ひとつずつクリアしながら最終的な目標達成を目指します。

思ったような成果が出ないときは、計画が十分に練られていなかったり、メンバーに共有されていないことが原因かもしれませんし、メンバーが計画どおりに動かない、途中経過を検証せずに先に進めたなどの問題があるかもしれません。そのときは、❸Check（評価）⇒❹Action（改善）で改善点を突き止めないと同じ失敗を繰り返しかねません。

「PDCA」を何周も回すことで、仕事は改善・効率化されていく

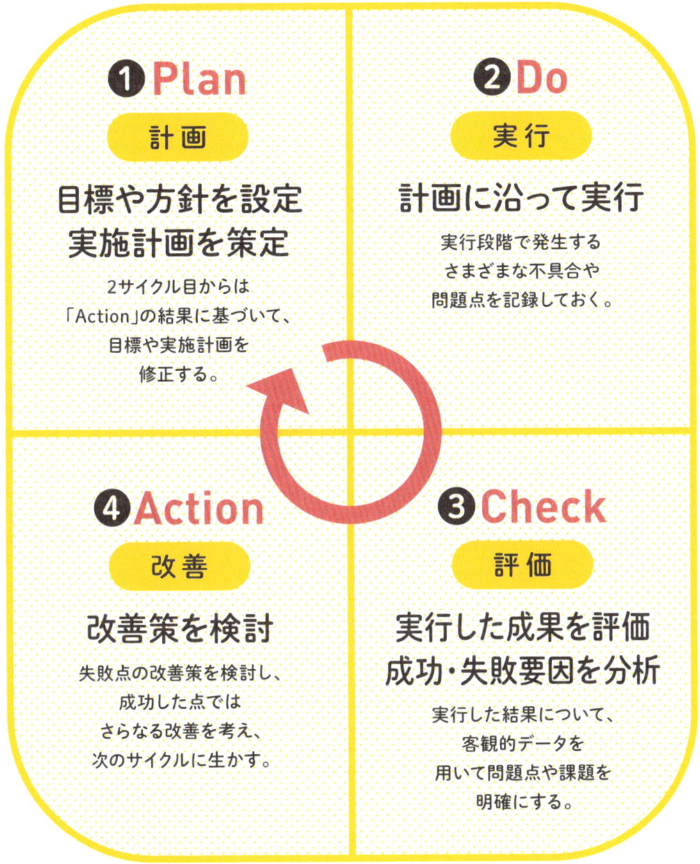

❶Plan
計画
目標や方針を設定
実施計画を策定
2サイクル目からは
「Action」の結果に基づいて、
目標や実施計画を
修正する。
❷Do
実行
計画に沿って実行
実行段階で発生する
さまざまな不具合や
問題点を記録しておく。
❸Check
評価
実行した成果を評価
成功・失敗要因を分析
実行した結果について、
客観的データを
用いて問題点や課題を
明確にする。
❹Action
改善
改善策を検討
失敗点の改善策を検討し、
成功した点では
さらなる改善を考え、
次のサイクルに生かす。

! 考えるポイント

・より具体的な目標を設定するために「SMARTの法則」(P140)を用いて目標設定をしてみよう

CAN-DO

- □ 業務改善をするための仕事の流れが理解できる
- □ 業務上の問題点を突き止め、改善できる

顧客満足度の向上に役立つ「QCD」

品質、コスト、納期のバランスをとることが大切

「QCD」とは生産管理（計画に基づいて製品がきちんと出荷できるよう体制を管理すること）の3要素を指す、以下の言葉の頭文字です。

・**Q**uality（品質）
・**C**ost（コスト）
・**D**elivery（納期）

牛丼チェーン吉野家のキャッチコピー「うまい、やすい、はやい」は有名ですが、これは同社のQCDに対する考えを表したものになっています。「うまい」は価格以上のおいしさ（＝品質）、「はやい」は注文してから牛丼を提供するまでの時間（＝納期）、「やすい」は安い価格（＝コスト）ということです。しかし、品質を上げればコストは上がり、コストを下げれば納期は長くなるように、基本的に3要素はそれぞれトレードオフの関係になっています。

また、吉野家のように「高品質、安い、早い」が必ずしもいいとはかぎりません。たとえば、高級紳士服店のオーダーメイドスーツなら「コスト」が高く、「納期」に時間がかかっても問題ありません。顧客が望むのは「高品質」だからです。安さと品質の高さを両立しようとしてもコストと品質が折り合わないでしょうし、高価格だからこその信頼感やブランド力が生まれることもあります。

生産管理で重視すべきは、Q⇒C⇒Dの順です。つまり、**3要素のなかでは「品質」が重要で、そのうえでQCDのすべてを満たそうとするのではなく、目指すべき方向性に照らし合わせて3要素のバランスについて考えることが大切です。**

トレードオフの品質、コスト、納期のバランスをとることが大事

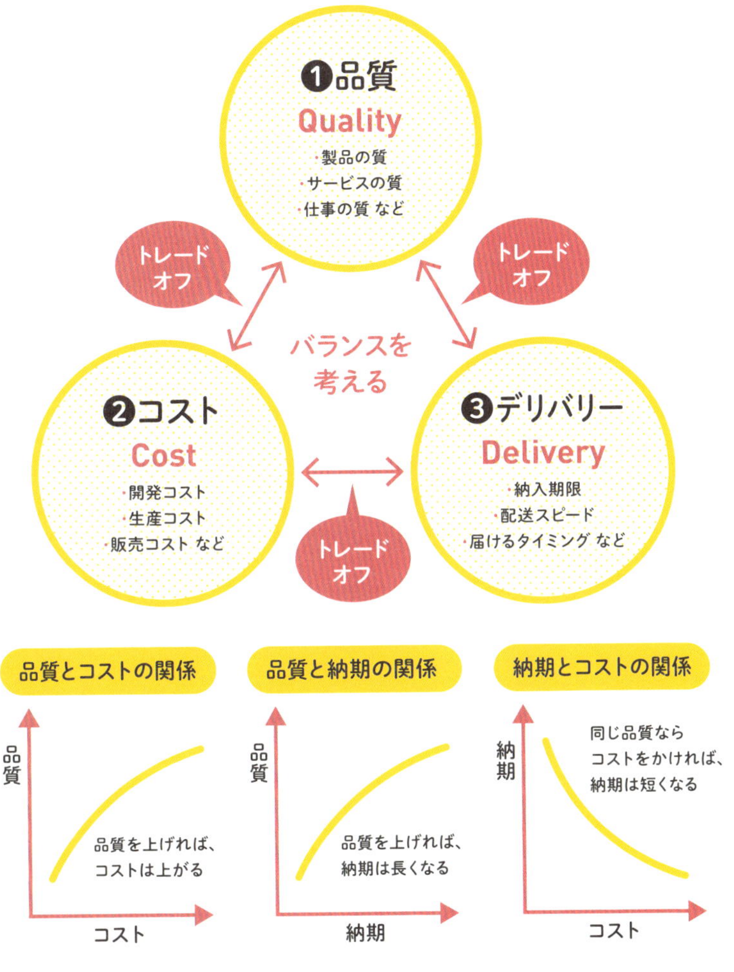

考えるポイント

・「品質」⇒「コスト」⇒「納期」の優先順位で考えるのが基本
・3要素のバランスを考えよう

CAN-DO

☐ 顧客の満足を得るには「品質」が重要であることがわかる
☐ トレードオフにある3要素を高めることの難しさがわかる

仕事の停滞要因を探り出す「プロセスマッピング」

仕事のプロセスを見直すことで最適化を目指す

仕事はいくつかのプロセスで成り立っています。たとえば、商品開発は、「アイデア出し⇒コンセプトづくり⇒マーケティング戦略⇒製品開発⇒市場テスト⇒商品化」といったプロセスを経ていきます。しかし、一連のプロセスのどこかで仕事が滞ったり、前後の工程の受け渡しが円滑でなければ、その仕事は停滞します。このように**組織全体の仕事を滞らせている原因を「ボトルネック」といいます**が、それを取り除けば、プロセス全体の業務効率は高まるはずです。「プロセスマッピング」は、**仕事全体の流れを「見える化」して、どこにボトルネックがあるかを探るときに役立つフレームワークです。**

まず対象となる業務やプロジェクトを構成するプロセスやタスク（仕事）を細かく分けて書き出します。書き出したプロセスやタスク同士の入力（インプット）、出力（アウトプット）の関係を調べ、矢印で結んで仕事の流れを見える化するフロー図（プロセスマップ）を作成します。

でき上がったプロセスマップの一連のフローに重複や無意味なつながりがないかを探し、ムダなプロセスを省くことを考えます。同時に効率が悪く、全体の足かせとなっているボトルネックを探り出します。その原因を取り除いて全体の流れが円滑になるように対処します。それにともなって経営資源（ヒト・モノ・カネ）を有効活用することを再考して、プロセス全体の最適化を目指します。なお、ボトルネックの解消を考えるときは、106ページで紹介する「TOC（制約理論）」を併用するといいでしょう。

プロセスマッピングの例

STEP1 業務のプロセス、タスクを細かく書き出す
↓
STEP2 プロセス、タスク同士を「→」でつなぎ、フロー図にする
↓
STEP3 フロー図のなかのムダやボトルネックを探す
↓
STEP4 ムダ、ボトルネックを省いた業務の流れを実行する

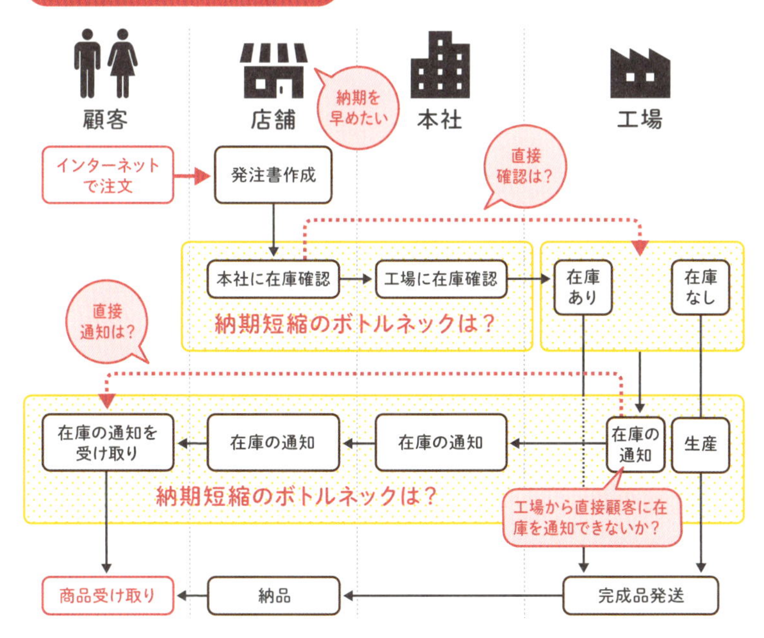

CAN-DO
- □ 仕事の一連の流れを把握し、俯瞰できる
- □ 仕事を停滞させるボトルネックを発見できる

ボトルネック解消で生産性を上げる「TOC（制約理論）」

5つのステップで全体最適化を図る

「TOC（制約理論）」では、「全体利益の向上は、ひとつ以上のボトルネック（制約）によって制限される」という考えます。「プロセスマッピング」（P104）でも説明したように、組織のプロセスのどこかにボトルネックがあると流れを妨げられ、仕事全体が非効率になってしまいます。そこで以下のフローでボトルネック解消を試みます。

❶ **ボトルネックを発見する**……「プロセスマッピング」などを使いながらボトルネック（制約条件）を突き止める

❷ **ボトルネックを活用する**……たとえば、研究開発がボトルネックなら、その能力を最大限に引き出すべく、研究者1人当たりの労働時間を増やす、研究プロセスの合理化を行う、チーム編成を見直すなど、考えられる合理化を図る

❸ **他のプロセスをボトルネックに合わせる**……ボトルネックがあるプロセス以外のプロセスをボトルネックに合わせて調整する

❹ **ボトルネックの許容量を上げる**……経営資源を投じてボトルネックの改善を行い、全体のパフォーマンスを平均的に底上げする。❸で生じた経営資源の余剰を振り向けるのもひとつの方法

❺ **❶～❹のサイクルを1度きりで終わらせるのでなく、新たなボトルネックを見つけては、このサイクルを繰り返し、全体最適を目指して、さらなるパフォーマンス向上を目指す**

ボトルネックを解消しても、さらなる効率化を目指すと別のボトルネックが現れるものです。このサイクルを繰り返せば、業務は効率化され、より大きな利益を出せるようになるのです。

「TOC(制約理論)」の5ステップの流れ

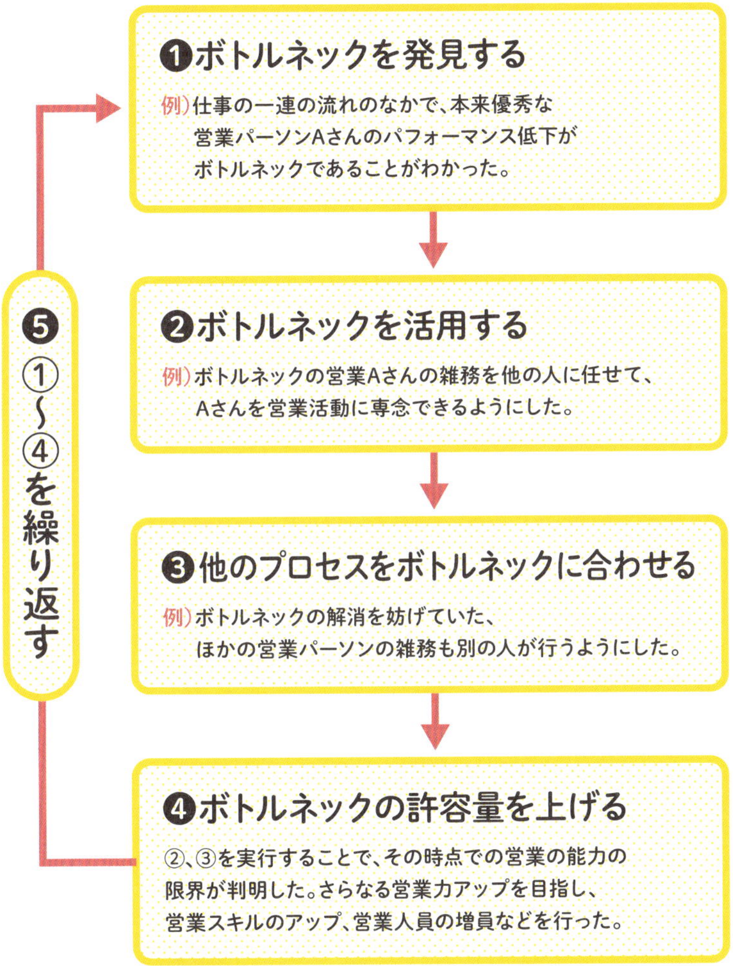

❶ボトルネックを発見する

例)仕事の一連の流れのなかで、本来優秀な
営業パーソンAさんのパフォーマンス低下が
ボトルネックであることがわかった。

❷ボトルネックを活用する

例)ボトルネックの営業Aさんの雑務を他の人に任せて、
Aさんを営業活動に専念できるようにした。

❸他のプロセスをボトルネックに合わせる

例)ボトルネックの解消を妨げていた、
ほかの営業パーソンの雑務も別の人が行うようにした。

❹ボトルネックの許容量を上げる

②、③を実行することで、その時点での営業の能力の
限界が判明した。さらなる営業力アップを目指し、
営業スキルのアップ、営業人員の増員などを行った。

❺ ①〜④を繰り返す

! 考えるポイント

ボトルネックを解消しても、新たなボトルネックが出てくるので、
5ステップを繰り返すことが大事!

CAN-DO

- □ 仕事を滞らせるボトルネックを解消できる
- □ 仕事の一連のプロセスを全体最適できる

お手本から学んで改善する「ベンチマーキング」

「いいやり方」を真似すれば成果を上げやすくなる

これまでに「このやり方は正しいのか」「もっといい方法があるのではないか」と思い、成果を上げている先輩や上司を手本にしたことで、うまくいったという経験があるのではないでしょうか。

同様に、うまくいっているほかの組織のやり方を模倣して成果を上げていく方法が「ベンチマーキング」です。模倣をネガティブに捉える必要はありません。「学ぶ」という言葉が「真似（まね）ぶ」が由来とされるように、**「いいやり方（ベストプラクティス）」を積極的に模倣して効率的にレベルアップを目指すのです。**

ベンチマーキングは5つのステップで進めていきます。

①**課題の特定**……業務全体を見渡して、とくに「効率が悪い」「成果が上がっていない」と考えられる項目をピックアップして、ベンチマークすべき課題を特定する

②**対象の調査**……社内の別部署や同業他社はもちろん異業種なども含めて課題にうまく対処している事例を探す

③**差異の分析**……うまくいっている事例とのギャップと原因を分析して、課題を浮き彫りにする

④**目標の設定**……課題ごとの改善目標を設定し、組織全体の目標を関係者全員で個人目標にまで落とし込み、改善計画を作成する

⑤**実行と評価**……改善計画に基づいて目標に向かって行動する。定期的に進捗状況を確認し、必要に応じて改善も定期的に行う

①～⑤のプロセスを実施しても効果が上がらない場合は、改善しながら繰り返すだけでなく、別の方法で試してみることも手です。

「ベンチーマキング」の考え方

ベンチマーキングの設定テーマ例

経営 ／ ROE（自己資本利益率）、ROA（総資産利益率）など

販売 ／ 売上高、販管費率、1人当たりの売上高、成約率など

製造 ／ リードタイム、工数、原材料歩留まりなど

マーケティング ／ 顧客満足度、リーチ、インプレッション単価など

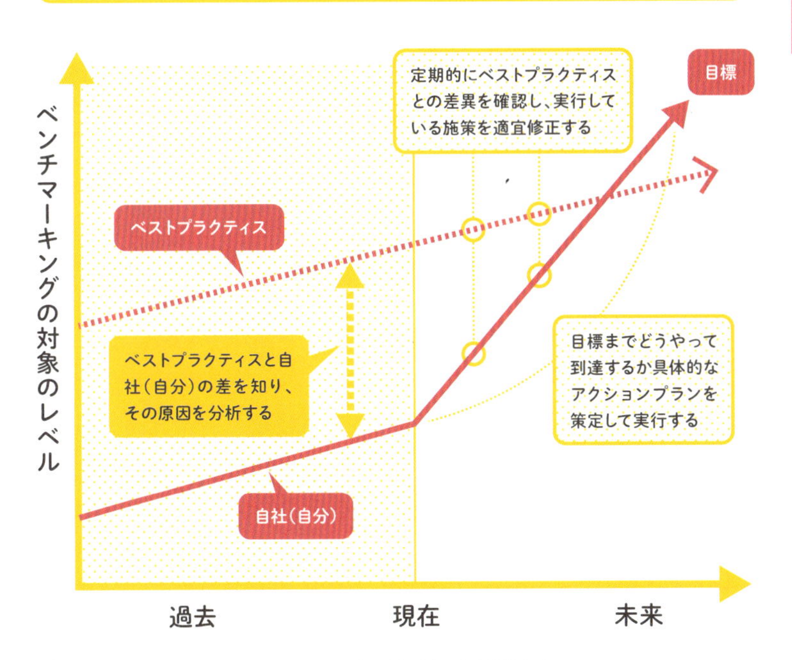

考えるポイント　ベンチマーキングの対象は定性的なものにしたほうが評価しやすく、わかりやすい

CAN-DO
- □ うまくいっている事例と比べることで自分たちの弱点が見える
- □ 真似をすることで効率的に改善することが可能になる

悪循環を抜け出すのに役立つ「システムシンキング」

起きている問題はだいたい8つのパターンに分類できる

ビジネスで起こる問題は、単純な因果関係で解きほぐせるほど単純ではなく、原因と結果が絡み合った循環構造になっていることがほとんどです。「システムシンキング」を使えば、問題が起こる構造を解き明かすことができ、解決に近づくことができます。

「システムシンキング」では3つのステップで問題解決を進めます。

①**因果ループ図の作成**……最初に問題を設定して、関係すると思われる要素を洗い出し、原因と結果を矢印で結んだ「因果ループ図」をつくる。このときに結んだ両者の関係が正の関係なら「S (same)」で、反対に負の関係なら、「O（Opposite）」で表す。なお、要素間の関係は、変化を強化する方向に動く「拡大ループ」と、変化を抑制する方向に動く「平衡ループ」に分類できる

②**システム原型の見きわめと対処法の検討**……**因果ループ図で全体構造を把握したら、システム原型のどれに当てはまるかを探る。それぞれのシステム原型には、おおよその対処法が決まっているので、それをヒントに具体的な対策を考える**

③**構造、アイデアを変える**……システム原型に対処して十分な効果が出ない場合は、今までになかった業務プロセスなどを追加して新たなループをつくったり、既存のループを壊して悪影響を抑える。たとえば、新規顧客開拓など、別の方向性で手を打ったり（新たなループをつくる）、リストラで人が辞めてもベテラン社員の暗黙知が社内で受け継げるように形式知に変える取り組みを行う（既存のループを壊す）ことで問題の解決にチャレンジする

因果ループ図と8つのシステム原型と対処法

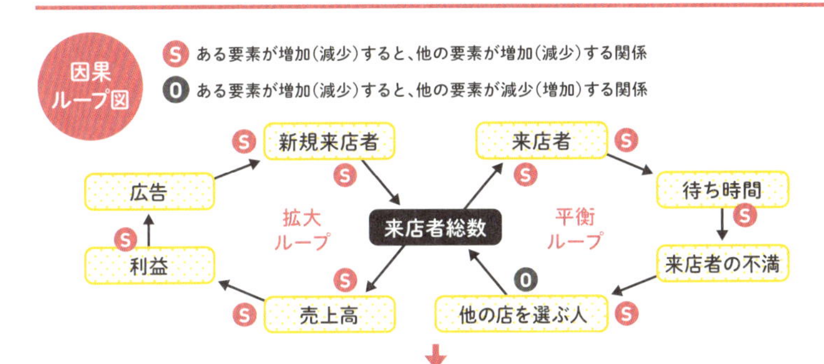

来店者を増やすために広告を打ってきたが、店のキャパシティは限界に達して成長が鈍化

システム原型のうち「成功の限界」、「成長と投資不足」に当てはまるので、それぞれの対処法から解決策を検討する

8つのシステム原型と対処法

応急処置の失敗
- 解決を急がず、回り道を考える
- 評価を長期の時間軸で見る

問題の転嫁
- 根本的解決策に焦点を絞る
- 対症療法的解決策が必要な場合は時間稼ぎに用いる

成功の限界
- 成長を加速させない
- 制約要因を弱めるようにする

目標のなし崩し
- 絶対的な目標をもつ
- 評価基準を外部にもつ

成長と投資不足
- 生産能力投資の意思決定方法を見直す
- 将来の需要に備えて生産能力を構築する

成功者には成功を
- 多様性を確保する仕組みを考える
- 機会の平等を確保する

エスカレート
- 一点へのこだわりを捨てる
- 大局から目的を見つめ直す

共有地の悲劇
- 共有資源の枯渇のリスクを考える
- 共有資源を守るためのルールをつくる

CAN-DO
- ☐ 問題の因果関係を把握できる
- ☐ 問題に対する基本的な対処法を知ることができる

失敗の反省を次に生かす「AAR」

失敗を繰り返さないために、行動後に考える4つの質問

シリコンバレーのスタートアップなどでは、よく「フェイルファスト（Fail Fast）」（早く失敗しろ）という言葉が聞かれます。早く失敗すれば、その経験を生かして、いち早く成功に近づけるので、「できるだけ早く失敗することを勧めるのです。しかし、せっかく失敗したのに同じ失敗をしては元も子もありません。それを避けるために生み出されたのが「AAR（アフターアクションレビュー）」です。

何かしらのアクションのあとに関係者が集まって、以下の４つの質問について議論します。

❶目的確認……何をやろうとしたのか
❷事実特定……実際には何が起きたのか
❸原因分析……なぜそうなったのか
❹教訓策定……次回にすべきことは何か

質問の目的は責任追及ではありません。客観的に検証して問題の本質を見極め、原因を究明し、失敗に学び、共有することです。「AAR」を効果的なものにするには、次の３つルールを守ることも重要です。

①利害関係のない人が会議の進行役を務める
②関係者全員の参加を促す
③責任追求はしない、評価もしない

ルールを守って４つの質問を議論することで失敗を振り返り、メンバー間で共有することで組織の成長につなげていきます。このプロセスを自問自答することで自分の成長に役立てることもできます。

「AAR」の4つの質問

❶目的確認
何をやろうとしたのか

失敗した出来事について振り返り、そもそも何を目的や目標としていたのかを認識する

例）大規模な設備投資に失敗した
・（目的は？）商品がヒットして増産するため
・（目標は？）10年後に投資額1,000万円を回収

❷事実特定
実際には何が起きたのか

証言・記録を多角的に検証。
事実判定のみ行う

例）世界的な経済危機が発生して
・売上が想定外に落ち込んだ
・販売量が回復するという予測が外れた

❸原因分析
なぜそうなったのか

責任追及せず、原因究明に集中。
地位にとらわれず平等に発言する

例）大きな利益を上げようと、設備投資を行った
・将来に対する予測が甘かった

❹教訓策定
次回すべきことは何か

失敗の原因を理解したうえで、
自分たちができる範囲での対策を導き出し
教訓としてメンバーで共有する

例）一気に大規模な設備投資はしない
・リスク管理を適切に行う

! 考えるポイント
・失敗を繰り返す人は、事実から目を背けていることが多い
・失敗したからこそ成功できると前向きに考えることが大事

CAN-DO	
	□ 一度してしまった失敗を成功への糧にできる
	□ 失敗を必要以上に恐れなくなる

「今」と「未来」のギャップを埋める「As-Is/To-Be」

未来を意識すれば、理想の姿に近づくことができる

「As-Is/To-Be」のAs-Is（アズイズ）は「現在、今の姿」、To-Be（トゥービー）は「未来、理想の姿」を意味する言葉です。現在と未来のギャップを「見える化」して、理想の姿に到達するために何をするべきかを考えるフレームワークです。

まず、「理想の姿」を書き出し、それに対応する「現在の姿」を書き出します。その2つを比較して「ギャップ（課題）」を認識し、どう克服するかを考えます。このときに「HOWツリー」（P98）を使って、それぞれの課題を深堀りしていくと、解決への糸口が見つかるかもしれません。解決への方向性が見えてきたら、解決に向けてアクションを起こします。

「目標をもつこと」は大切とよくいわれます。目標が定まれば、その目標に向かったアクションをするようになり、結果として目標を達成する可能性が上がるからです。「To-Be」はいわば目標です。

たとえば、仕事上で目標を達成できるのは、「ノルマ○○万円」「新規顧客を○件受注」など、目標（To-Be）があったからではないでしょうか。現状（As-Is）のままで目標を達成できないと認識すれば、そのギャップを埋めようと努力したはずです。

基本的に「As-Is/To-Be」の考え方は、学生時代に「英語が苦手だから克服しよう」「数学は受験に関係ないから勉強しない」などと考えていたのと大差ありません。ただ、ビジネスや人生では、必ずしもわかりやすい目標が用意されるわけではありません。その意味では、**いかに「理想の姿」（To-Be）を設定するかが重要です。**

「As-Is/To-Be」で考えるときの4つのステップ

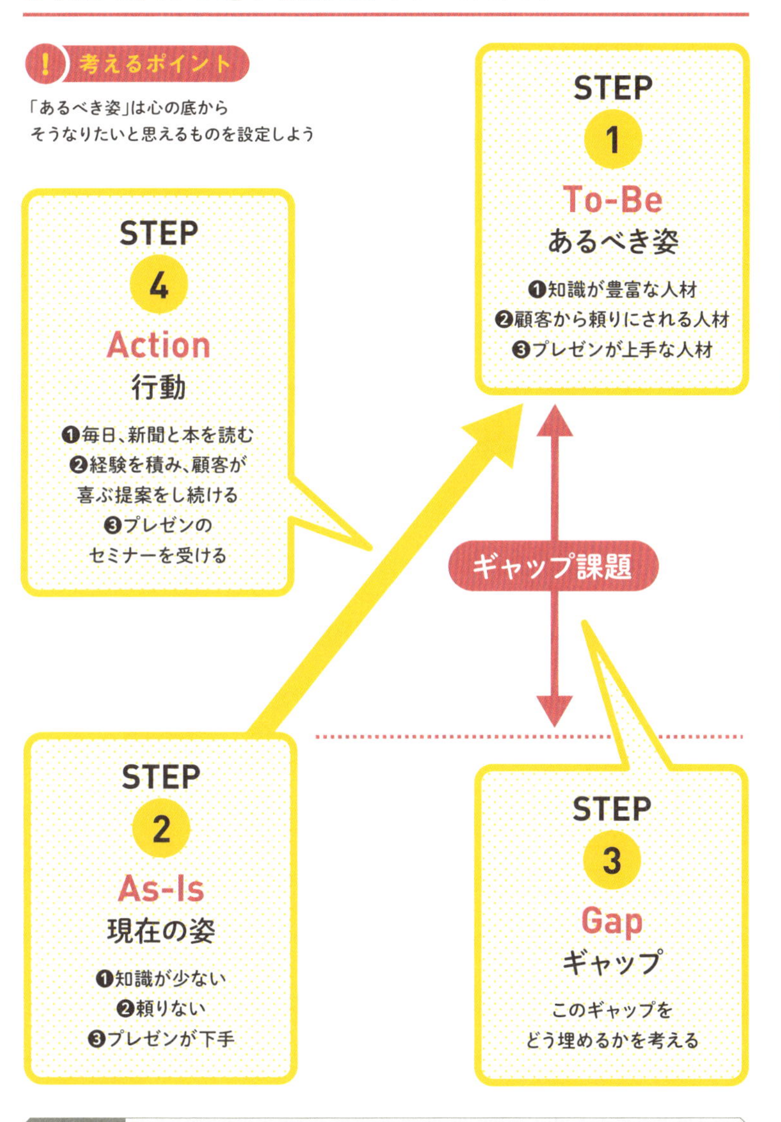

CAN-DO
- □ 未来の「あるべき姿」に対して、現状の足りないことがわかる
- □「あるべき姿」になるためにすべきことが明確になる

Column

気をつけたい思考のクセ⑤「後知恵バイアス」

出来事が起きて結果がわかったあとに、「やっぱり、そうなると思っていた」「その結果はお見通しだった」などと思ったことはないでしょうか。

たとえば、自社で新商品を出すときに「すごいヒットになりそうだ」と思っていたとします。しかし、新商品が販売されてしばらく経つと売上が芳しくないことが判明しました。そんなときに「やっぱり、あまり売れないと思っていたんだよね」とあたかも最初から「売れない」と思っていたかのように、自分の都合のいいように事実を曲げたり、記憶をすり替えてしまうのです。

このように結果が起きてから、それが予測可能だったと考えてしまいがちなことを「後知恵バイアス」といいます。

とくに厄介なのが、失敗したときの「後知恵バイアス」です。失敗するとわかっているなら、わざわざ失敗するような行動をする理由がありません。ところが「やっぱり売れなかったか……。失敗は想定内だった」と都合よく解釈して自分の失敗を隠蔽してしまうのです。

「失敗は成功のもと」とはいいますが、失敗を成功につなげるのは、失敗を失敗としてきちんと認識して反省できた場合です。失敗を直視できなければ、同じ失敗を繰り返す可能性が高くなるのは言うまでもありません。

「後知恵バイアス」は誰にでもある傾向です。そのことを知って、「AAR」（P112）のようなフレームワークを使って、客観的に失敗の原因を究明することは「後知恵バイアス」の弊害を避けるのに役立ちます。

Part 7

もっと強くなるための考え方を身につける！

個人と組織の能力をアップする

報告を簡潔にするだけでなく原因も突き止められる「5W1H」

さまざまな場面で簡潔に伝えるための基本中の基本

ビジネスでは、伝えるべき要件をきちんと整理して簡潔に説明することが大切です。その実現に役立つのが**「誰が」（Who）、「何を」（What）、「いつ」（When）、「どこで」（Where）、「どうして」（Why）、「どのように」（How）**で考える「5W1H」です。

これは限られた文字数でヌケ・モレなく記事を書く必要がある新聞記者が必要最小限の情報を簡潔にまとめる方法をわかりすくまとめたものです。たとえば、「来週火曜日（When）、A社の会議室で（Where）私とAさんで（Who）、再来週のイベントの段取りを決めるために（Why）、リハーサルをしながら（How）最後の詰めの話し合いをしましょう（What）。」などと、**「5W1H」を商談や打ち合わせの場面に応用すれば、要点を整理して簡潔にできるので、相手にはっきりと伝わるようになります。**

この「5W1H」をトヨタ自動車では独自に発展させてビジネスに取り入れています。大きな違いは、「どうして」（Why）と「どのように」（How）を5回繰り返すことです。たとえば、「なぜ部品が足りないのか」（Why）→「下請け工場への注文が遅れたから」→「タイムリーな注文を行う」（How）と改善を行ったら、次に「なぜ注文が遅れるのか」（Why）→「現場の在庫管理体制が不十分だから」→「管理体制を見直す」（How）といったようにどんどん深堀りしながら、**「Why」→「How」を5回繰り返すことで本質的な原因を探って根本解決を目指す**のです。同社は生産現場を改善する「カイゼン」が世界的に有名ですが、その根底には「5W1H」があるのです。

「5W1H」で決めること

● 決めること

Who（誰が）	誰がやるのか
What（何を）	何をするのか、何ができるのか
When（いつ）	いつやるのか、いつまでするのか
Where（どこで）	どこでやるか、どこでできるのか
Why（どうして）	何のためにやるのか
How（どのように）	どうやってやるのか

! 考えるポイント Whom（誰に）を加えた「6W1H」、How much（いくら）を加えた「5W2H」もある！

WhyとHowを繰り返して原因を突き止める

問題：売上目標をいつも達成できない

①Why：目標到達への意識が低い

→ ①How：毎週、進捗状況をチェックする

②Why：設定された目標をメンバーが非現実的だと思っている

→ ②How：目標設定の方法を変える

WhyとHowを繰り返して問題の原因を突き止める

原因を突き止めたら、Who（誰が）、What（何を）、When（いつ）、Where（どこで）について考えて実行する

CAN-DO
- □ 必要な情報をモレなく、簡潔に報告できるようになる
- □ 問題点の本質的な原因を突き止めることができる

部下に変化を促し、育成するための「GROWモデル」

部下が目標に向かって動き出すためのテクニック

「GROW モデル」は、部下などからの自発的な行動を引き出すことで目標達成に導くコーチングの基本をまとめたフレームワークです。答えや情報を提示するのではなく、**部下から答えを引き出すことで、自主的な行動を促し、自律的な問題解決ができるように導きます。**

❶ **Goal（目標設定）**……まず、目指すべき目標を明示する。高すぎる「目標」は逆に意欲を低下させるおそれがあるので、部下の現状に応じた適切な目標設定を心がける。目標を設定する際は「SMART の法則」（P140）を使うのもひとつの手になる

❷ **Reality（現状把握）**＆❸ **Resource（資源発見）**……目標に対して現在の状況を把握することで、「目標達成のために使える資源（ヒト・モノ・カネ・時間・情報など）は何がどれくらいあるのか」など、目標達成に必要なものが何かの「気づき」を与える

❹ **Option（選択肢創造）**……行動案を立案していく。制限を設けずに目標達成のためのアイデアを出してもらい、そのなかから現実的かつ優先順位の高い選択肢を選ぶ

❺ **Will（目標達成の意思）**

「5W1H」（P118）の視点をもちながら、誰が、いつまでに、何をやるかを具体化した行動計画を策定し、目標達成に向けた具体的な行動を「見える化」する。目標達成に対する意思を確認して、目標を達成するための継続的な行動を促す

GROWモデルの流れと部下への質問例

考えるポイント

部下が「絶対に無理」と思うような「目標設定」をしないことが重要！

① G Goal 目標設定

部下への質問例

- 何を達成したいか
- 将来、どのようになりたいか
- 解決したい問題はなにか

② R Reality 現状把握

部下への質問例

- 目標達成のための課題は何があるか
- 目標達成に向けて何をしてきたか
- 目標に対しての進捗状況はどうか

③ R Resource 資源発見

部下への質問例

- 目標達成のために誰の力が必要か
- 何(モノ・カネ・時間・情報など)があれば達成できそうか

④ O Option 選択肢創造

部下への質問例

- まだ試していない方法はないか
- 新しい方法はないか
- 今までの方法では同じ結果にならないか

⑤ W Will 目標達成の意思

部下への質問例

- いつまでに、どれくらい達成できそうか
- 目標達成したら、どう感じるだろうか
- 何から手をつけるとやりやすそうか

CAN-DO

- □ 部下を目標達成に導くためのコーチングの方法を確立できる
- □ 部下の「やる気」を引き出すことができる

失敗を繰り返さないための考え方「経験学習モデル」

「失敗は成功のもと」を自分の行動パターンに取り込む

行動することで学習していくことは、実体験から誰もがなんとなく理解しているはずです。経験を通し、それを省察することでより深く学んでいくことを人材育成の領域では「経験学習」と呼びますが、組織行動学者のデイビッド・コルブは、学習段階を4つのプロセスに分けて「経験学習モデル」理論として提唱しました。

4つのプロセスを❶→❷→❸→❹→❶→❷……の順に繰り返していくことで学習していくのです。

❶具体的経験……日々の仕事で具体的な経験を重ねること
❷内省的省察……自分の経験を振り返って気づきを引き出すこと
❸抽象的概念化……自分なりの「持論」を形成すること
❹能動的実践……持論を新しい状況のもとで実践してみること

失敗を恐れて新しい行動を起こすことに躊躇ばかりしていると、「具体的経験」をできないので、学びが得られないことがよくわかります。成功者は「失敗は恐れるな」とよく口にします。それは、失敗を恐れて行動を起こさなければ、学習するうえでの最初のステップである「具体的経験」ができないことを直感的に感じているからでしょう。しかし、ただ経験をすればいいのではなく、「内省的省察」「抽象的概念化」というプロセスで経験を血肉化し、それを実践しなければ、経験も無意味になってしまいます。

「言われてみれば当たり前」と感じたかもしれませんが、当たり前のことを実践するのは難しいものです。日ごろから4つのプロセスをモレなく実践すれば、経験（失敗）を自分の糧にできるはずです。

「経験学習モデル」で部下のマネジメントを振り返る

❶ 具体的経験

日々の仕事で具体的な経験を重ねること

(例)Aくんが意見を言わないので叱責したら、その後萎縮してしまった。

❷ 内省的省察

自分の経験を振り返って気づきを引き出すこと

(例)どうすれば、Aくんを萎縮させずに意見を言わせることができたのだろうか。絶対に否定しないようにしたほうがいいかも……。

❸ 抽象的概念化

自分なりの「やり方」を形成すること

(例)叱責は絶対にしないで、かならずAくんが言ったことには、何か違うことがあっても「そういう考え方もあるのか。でもね」と返せば発言しやすいかも……。

❹ 能動的実践

新しい状況のもとで、自分なりのやり方を実践してみること

(例1)Aくんを叱責せずに「でもね」と切り返したら、これまでとはAくんの反応が違った→❶へ戻り、この経験を生かして、さらに良い方法を探す。
(例2)やり方を変えてみたけど、これまでのAくんと変わらなかった→❶へ戻り、この経験を生かして違ったアプローチで解決策を探す。

・失敗は大切な学習機会(「経験」)なので恐れてはいけない
・行動(能動的実践)がなければ、失敗した状況は変わらない!

CAN-DO

- ☐ 経験(失敗)から学ぶことで、同じ失敗を繰り返さなくなる
- ☐ 失敗を恐れることがリスクであることが理解できる

暗黙知を形式知にする「SECIモデル」

言葉で説明できない知識を共有するための手法

たとえば、何年も修業してやっと体得できる伝統工芸の職人技は、言葉で説明するのは難しい「暗黙知」の代表格です。その暗黙知の対概念は、言葉で説明できる知識である「形式知」です。

経験的に体得した知識でも言葉で簡単に説明できない「暗黙知」は、以下の４つのプロセスを通して、集団や組織で共有できる「形式知」に変換できると考えるのが「SECI（セキ）モデル」です。

❶ **Socialization（共同化）**……経験の共有によって、人から人へと暗黙知を移転すること

❷ **Externalization（表出化）**……暗黙知を言葉や図などに表現して参加メンバーで共有化すること

❸ **Combination（連結化）**……言葉に置き換えられた知を組み合わせたり再配置したりして、新しい知を創造すること

❹ **Internalization（内面化）**……表出化された知や連結化した知を、自らのノウハウあるいはスキルとして体得すること

ベテラン社員のなぜかよく当たる勘や言葉では説明できない職人技、トップ営業マンの営業スキルなど、企業のなかには、言葉では説明するのが難しい暗黙知があふれています。今後、日本は労働人口が減少し、人手不足が深刻になるといわれています。

日本人は職人技のような「暗黙知」を、言葉ではなく背中を見て、長い年月をかけ体得することに美徳を感じる傾向がありますが、今後は特定の個人だけが会得した「暗黙知」化したノウハウや技術を、いかに「形式知」化して継承することの重要性が増すはずです。

▶ トップ営業パーソンの「暗黙知」を「形式知」にするプロセス

暗黙知 → 暗黙知

❶共同化
Socialization

OJTや修業などで匠の技や言語化が難しい暗黙知を経験として人から人へと移転する過程

例）トップ営業パーソンに同行して、顧客と対面しているときに工夫している点や注意すべき点などの暗黙知を体験する。

暗黙知 → 形式知

❷表出化
Externalization

暗黙知を言葉や図などに表現して参加メンバーで概念化を試みる過程

例）トップ営業パーソンの工夫している点や注意すべき点について、書き出したり、図化したりして形式知への変換を試みる。

形式知 → 形式知

❸連結化
Combination

表出化した形式知を整理して、体系的な知識・理論モデルとして構築することを試みる過程

例）トップ営業パーソンとの同行で得た形式知とすでに知られている形式知を組み合わせて、トップ営業パーソンのスキルの体系化を試みる。

形式知 → 暗黙知

❹内面化
Internalization

体系的な知識・理論モデルを実践し、形式知を新しい暗黙知として創造、獲得する過程

例）形式化された知識を実践して知識として体得していく。そのなかで新たな暗黙知が創造される。そして「共同化」を繰り返す。

! 考えるポイント まずは、自分自身のなかの「暗黙知」を「形式知」化することで、コツをつかんでみよう

CAN-DO
- ☐「暗黙知」を「形式知」に換えることができる
- ☐ これまで説明できなかったことが他人に説明できるようになる

Win-Winの解決策を導くための「ハーバード流交渉術」

4つの原則に基づいて交渉すれば結果が変わる

ビジネスの現場で、お互いに自分の意見や利益、立場を主張し合ってばかりいれば人間関係は悪化し、問題はより複雑化します。**優秀なビジネスパーソンほど無用な対立は避け、異なる意見や利害を調整しながら、お互いが納得できる合意を目指し、最終的には自分にとってもポジティブな結果へ導く**ものです。

交渉で自分の望みどおりの結果を導き出したいときに参考になるのが、4つの原則にまとめられた「ハーバード流交渉術」です。

❶**「人」と「問題」を切り離す**……対立があるときは「問題」と「人間関係」が入り混じっていることが多い。まずは人と問題を切り離し、「どちらが正しいか」「どちらが勝つか」といった考えは捨て、相手の言い分や立場を尊重して利害に折り合いをつける

❷**立場ではなく利害に焦点を合わせる**……お互いの立場にとらわれると、それが障害となって合意の可能性が低くなる。相手の主張に耳を傾け、その裏にある真意を理解する。こちらも本当の気持ちを明らかにすれば信頼関係が生まれ、一緒に問題解決を図ろうという機運をつくれる

❸**決定前に多くの選択肢を考える**……交渉前から持論に固執するのではなく、相手を問題解決を行う“同志”と考え、一緒に新たなアイデアを出し合う姿勢で話しをする

❹**客観的な基準に基づいて結論を出す**……お互いにとって平等な解決策に行き着くとはかぎらない。最終的には客観的な基準に沿って落としどころを決めることも重要になる

ハーバード流交渉術の4つの原則

❶「人」と「問題」を切り離す

考えるポイント

・問題の解決にだけ集中する
・相手の立場で考えてみる

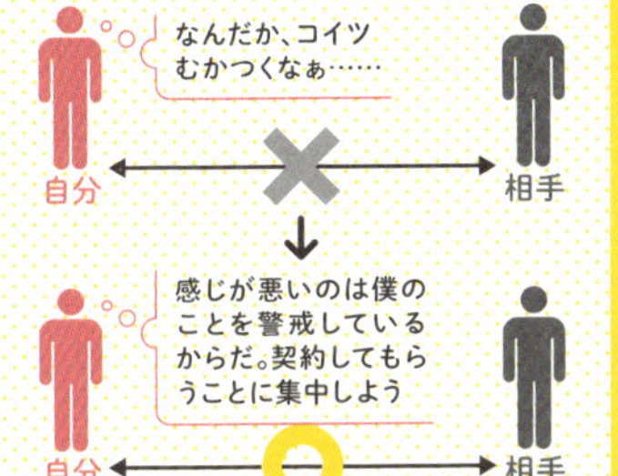

❷立場ではなく利害に焦点を合わせる

考えるポイント

・お互いの利益になるように努力する
・背後にある目的を探り出す

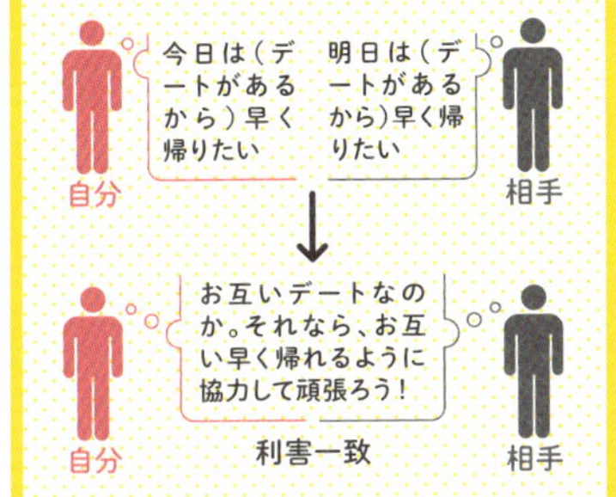

❸決定する前に多くの選択肢を考える

考えるポイント

・相手の問題点を探そうとしない
・自分のアイデアから相手に選ばせる

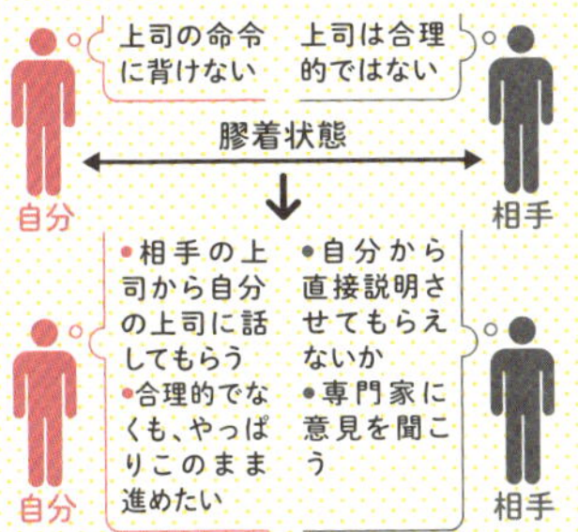

❹客観的な基準に基づいて結論を出す

考えるポイント

どう決めるのが公平かの基準を事前に決めておく

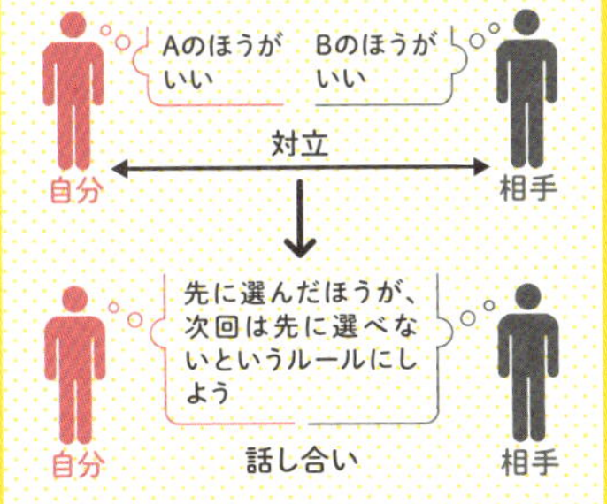

CAN-DO

- □ 人の好き嫌いに影響されない交渉ができるようになる
- □ 自分の望む交渉結果を導き出すことができる

チームビルディングの流れを示す「タックマンモデル」

目指すべきはメンバー同士で正しくぶつかり合うこと

同じチーム内で不協和音があれば、チームとして最高のパフォーマンスを発揮できません。とはいえ、チームで衝突を避け、丸く収めようとするだけでいいのでしょうか。いったいどのようにすれば、成果を出せるチームをつくることができるのでしょうか。

「タックマンモデル」は、チームは４つの成長段階を経て、成果を出せるようになることを示したフレームワークです。

①**形成期（Forming）**……チームが結成されたばかりの状態

②**混乱期（Storming）**……仕事が始まると、メンバーの考え方ややり方の違いが明らかになり、意見や主張のぶつかり合いが起きる

③**統一期（Norming）**……混乱期を乗り越えると、共通の規範や役割がはっきりしてくる。リーダーが示した目標がメンバーに浸透し、メンバーが個性を発揮し始めれば良い状態といえる

④**機能期（Performing）**……チームが機能して成果が出始めると、チームにも自信が生まれる。メンバーが自律的に動くようになれば、成果はさらに大きなものになる

この４つの成長段階のうち、いずれの段階も経験せずに「成果を出すチーム」にはなれないとされています。つまり、もっとも避けたい「混乱期」を経験することなく、目指すべき「機能期」に到達できないということです。**最高のチームをつくるには、いかに「混乱期」を乗り越えるかが重要です。**リーダーは、対立を隠そうとせず、メンバー全員が納得するまで話し合う機会を設けるなど、相互理解を促すことが求められます。

「混乱期」を避けては、いいチームはつくれない

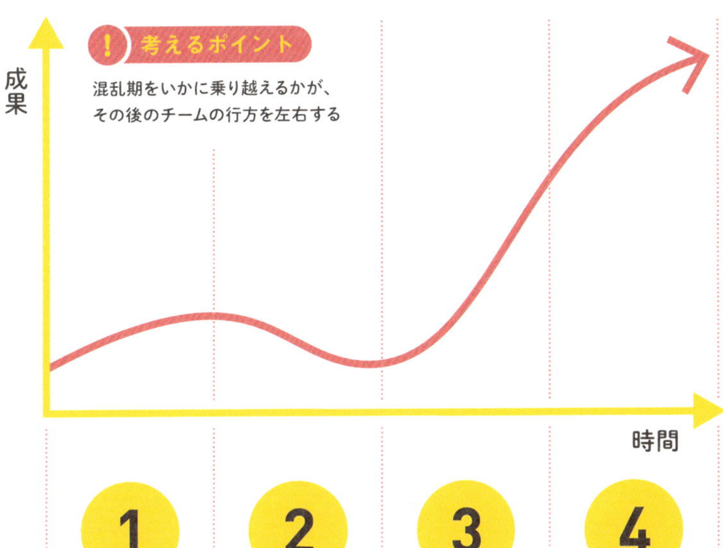

考えるポイント
混乱期をいかに乗り越えるかが、
その後のチームの行方を左右する
成果
時間

1 形成期 Forming	2 混乱期 Storming	3 統一期 Norming	4 機能期 Performing
チームの状態	**チームの状態**	**チームの状態**	**チームの状態**
お互いのことをよく知らない状態	メンバー間の考え方や価値観がぶつかり合う状態	共通の規範や役割がはっきりして安定した状態	チームとして一体感が生まれて成果が出せる状態
チームリーダーがやること	**チームリーダーがやること**	**チームリーダーがやること**	**チームリーダーがやること**
達成すべき目標を掲げ、課題を示す	メンバー間の衝突を避けずに、その衝突を通して相互理解を促す	一体感が出てきたチームの目標達成意識を喚起する	状況に応じてメンバーが動きやすい環境を整える

CAN-DO
- □ チームビルディングの流れを知ることができる
- □ 意見や主張の衝突が不可避であることが理解できる

長く付き合える関係づくりに役立つ「PRAM」

交渉相手と良好な関係をつくるための4つのプロセス

上手に文章を書くときのコツに「起承転結」があるように、ビジネス上の交渉相手との関係を良好に継続するにもコツがあります。それが「PRAM（プラム、ピーラム）」です。取引先と良好な関係を築くのが得意な人を観察してみてください。その人たちは「PRAM」の手順を実行していることが多いのではないでしょうか。

❶ **Planning（計画作成）**……自分の目的・目標と相手の目的・目標を把握して、両者にギャップがある場合は、今後、どのようにしてギャップを埋めるかを考える

❷ **Relationship（関係形成）**……相手の考え方を知るように努め、お互いの立場を尊重しながらそれぞれの考え方を共有して、信頼関係を醸成していく

❸ **Agreement（合意形成）**……お互いに解決策を模索しながら、合意形成を得るために議論する

❹ **Maintenance（関係維持）**……良好な関係を維持するために、定期的なメンテナンスを行う

この❶〜❹のサイクルを回すことで、交渉相手の信頼関係は醸成され、より良いパートナーシップを構築できます。

取引先と良好な関係を築けない人は、相手を知ろうとせず自分の利益だけを得ようとしたり、せっかく良好な関係を築けそうなのに、関係維持をするためのアクションがないものです。「PRAM」は、ビジネスだけでなく、友人などのリレーションづくりにも応用できるので試してみましょう。

PRAMのサイクルを回して、良好な関係を発展させる

今後、どのように交渉するかを考える

何も考えず、何も用意せずに交渉に挑むのではなく、話し合いをどう進めるのかをイメージしておく。

《やること》
・交渉過程をイメージする
・必要な資料を用意する
など

❶計画作成 Planning

相手のことを知ろうとする

相手が何を考え、どんな人かを知ることは交渉をうまく進めるうえで大事になってくる。

《やること》
・相手と話す
・相手を理解しようとする
など

❷関係形成 Relationship

解決策を模索する

これまでにつくってきた関係性を土台にしながら、相手との利害を調整して合意形成を目指す。

《やること》
・相手の立場を考える
・自分の利益を考える
・両者のバランスを考える
など

❸合意形成 Agreement

良好な関係を維持する

今後の交渉をうまく進めることを見せて、さらなる良好な関係にするために行動する。

《やること》
・接触機会を増やす
・接待
など

❹関係維持 Maintenance

! 考えるポイント 交渉相手との関係性をより良好にしたいなら、Win-Winになる交渉結果を目指そう

CAN-DO
- □ 良好なリレーションを築くことができる
- □ 一時的な関係でなく、継続的な関係づくりに役立つ

自分の意見をまとめるのに役立つ「PREP法」

最初と最後に重要なことを言って聞き手に印象づける

上司や同僚から「結局、何が言いたかったのかわからない」と言われた経験がある人もいるのではないでしょうか。

「PREP（プレップ）法」は、心理学における「初頭効果（最初に示された情報が記憶・印象に残りやすく、のちの判断に影響を与える）」と「新近効果（最後に示された情報が記憶・印象に残りやすく、のちの判断に影響を与える）」を使って、**聞き手にわかりやすく意見を述べるための順番を示したものです。**

① **P**oint（結論・ポイント）……まず結論を先に述べる。それによって、聞き手はこれからどんな話が始まるかを理解できる

② **R**eason（理由）……次に結論に至った理由を説明する。なぜその結論に至ったのかをわかりやすく説明する

③ **E**xample（事例・具体例）……具体的な事例を挙げる。プレゼンや会議では、説得力をもたせるために、第三者による調査データなどをグラフなどを使って見せるのは効果的

④ **P**oint（結論・まとめ）……最後に結論をもう一度述べる。聞き手に対し、なぜ結論に至ったのかを印象づける

PREP法は、プレゼンテーションの構成や会議での発言、報告書など、説得力を求められる場面で汎用的に使えます。

ただし、①〜④の順番で話しさえすれば説得力が増すと勘違いしてはいけません。当然のことながら、大切なのは話す順番よりも内容です。とくに重要なのは「結論・ポイント」ですから、聞き手を惹きつけるために凡庸な内容にならないように心がけましょう。

PREP法を使った話し方の例と役立つフレーズ

	会話例	使えるフレーズ
 Point（結論・ポイント）	「私はハワイの情報誌をつくるべきだと思います」	・私の意見は○○です。 ・結論から申し上げると ・まず最も言いたいことは ・ポイントは○つあります。
 Reason（理由）	「なぜなら、リピーターが多く、現地情報を形として残したいニーズが大きいからです」	・なぜなら ・どうしてかというと ・その理由は
 Example（事例・具体例）	「日本政府観光局によると、ハワイを訪れた約160万人のうち約9割がリピーターです」	・〜によると ・たとえば ・○○のデータによると ・具体的にいうと
 Point（結論・ポイント）	「以上のことから、ハワイの情報誌の創刊について検討するべきです」	・以上のことから ・まとめると ・ですから

CAN-DO
- □ 会議やプレゼンなどで簡潔・明解に話せるようになる
- □ 話した内容を聞き手に印象づけることができる

プレゼンテーションを成功に導く「FABE法」

4つの要素を順番に盛り込めば、言いたいことがまとまる

製品・サービスのプレゼンテーションやセールストークで、相手に言うべきことをわかりやすく伝えるための話法が「FABE（ファーブ）法」です。「PREP法」（P132）と同様、4つの要素から構成されています。

① **F**eature（特徴）……まずは、製品・サービスの客観的な特徴を説明する。たとえば、パソコンなら重さやハードディスクの容量、搭載しているCPUの性能など。優先順位をつけて強調したい特徴について述べる

② **A**dvantage（優位性）……次に特徴から得られる優位性について説明する。競合に対しての優位性を伝えるので、事前に競合や業界全体の情報を収集して、自社の優位性について分析しておくことが重要になる

③ **B**enefit（利益・メリット）……さらに、優位性から得られる顧客にとってのメリットを説明する。ここでは、具体的にどんなメリットがあるかをわかりやすく説明しなければならない

④ **E**vidence（証拠）……最後に第三者の客観的な評価などを示して、これまで話したことを信憑性を高める。たとえば、軽量であることをウリにするパソコンを売り込むためのプレゼンテーションであれば、その場にいる女性に持ってもらい、女性でも重さが気にならないことを証言してもらったりするのは効果的

以上の4要素を含んだ内容にするだけで、言いたいことが伝わりやすくなるはずです。

FABE法を使った話し方の例と役立つフレーズ

	会話例	使えるフレーズ
 Feature（特徴）	「このパソコンは、なんといっても軽くて薄いのが特徴です」	・最大の特徴は ・ひと言でいうと

 Advantage（優位性）	「A社の最軽量PCに比べて100gも軽くなっています」	・〇社（競合）に比べて ・業界平均よりも 〇が優れています。 ・この商品・サービスが 優れているところは

 Benefit（利益・メリット）	「最大のメリットは、女性が持ち歩いても負担にならないことです」	・最大のメリットは ・この〇を使えば、コストを 〇円も削減できます。 ・〇を使えば、利益アップの 貢献につながります。

 Evidence（証拠）	「実際に女性に意見を聞いたところ、約90%が重さに負担を感じないと答えてくれました」	・〇に聞いたところ、 大変好評です。 ・〇社では実際に 利益がアップしました。 ・〇によると

CAN-DO
- ☐ 伝わりやすいプレゼンテーションの構成をつくれる
- ☐ 相手が納得しやすいセールストークの流れがつくれる

会議を意味あるものに変える「OARR」

会議の質を大きく変えることができる4つのポイント

ビジネスパーソンにとって、会議は避けられません。しかし、なかには意味を感じないものや形骸化して実質的な内容がともなわない会議も多いものです。**人を集めて行う会議を決められた時間内に効率的で生産性が高いものにするために役立つのが「OARR（オール）」です。**会議を始める際に、以下の4つを決めるだけで、会議における話し合いの質は大きく変わります。

- **Outcome（具体的な目標）**……最初に会議で到達したい目標を示す。期待される目標が明確になることで、参加者全員の議論が目標に向かったものになる
- **Agenda（アジェンダ）**……次に、アウトカム（本質的な成果）に向けての手順や道筋、スケジュール（どれくらいの時間をかけるか）を参加者で共有する
- **Role（役割分担）**……参加者に対して「女性視点の意見を言ってほしい」「専門的な見地からアドバイスがほしい」など、期待する役割を明確にする。また、議事進行役、記録係などの役割についても決めておく
- **Rule（ルール）**……「全員が必ず発言する」「1回の発言は3分以内」「今回は部長は最後まで口を出さない」など、その場における決まりごとを決める。こうしたルールをつくることによって、参加者全員が当事者意識をもつことができれば、その話し合いの場は活性化して、有意義なものになる

この4要素を決めておくだけで会議の質は大きく変わるはずです。

無駄な会議にしないために、決めておくべき4つの約束事

考えるポイント

- 会議の前にOARRの4項目を確認することをルーティン化する
- 決めたことを全員に見えるようにしておくと効果的

O　Outcome　具体的な目標

決めておくこと

- 会議の目的
- 目指すべき目標
- 具体的な成果物 など

決めておくこと

- 検討する項目
- 議論する順番
- 終了時間 など

決めておくこと

- 参加者に期待すること
- 進行役、記録係などの役割

R　Rule　ルール

決めておくこと

- 当事者意識をもたせるための規則
- 会議を活性化させる規則
- 発言機会を増やす規則 など

CAN-DO

- □ 会議の質を向上させることができる
- □ 会議に参加する人が当事者意識をもつことができる

コミュニケーションを円滑にする「ジョハリの窓」

コミュニケーション能力が高い人には傾向がある

他者との関係から自己への気づきを促し、コミュニケーションの円滑な進め方を模索するためのツールとして提唱された心理学モデルが、「ジョハリの窓」です。自分に対する理解を以下の4つの領域（ジョハリの窓では「窓」と表現される）に分けて考えます。

- **開放の窓……自分も他人も知っている自己**
- **盲点の窓……自分は気がついていないが、他人は知っている自己**
- **秘密の窓……自分は知っているが、他人は気づいていない自己**
- **未知の窓……誰からもまだ知られていない自己**

4つの窓のうち、「開放の窓」を広げることがスムーズなコミュニケーションや能力開発・能力発揮につながると考えられています。

具体的には、自分のことをもっと周囲に語って、他人が自分について知っている領域を広げることで「開放の窓」を下方向に押し下げ、同時に他人から自分に対する率直な指摘を受けて、自分が認識していなかった自分に気づくことで、「開放の窓」を右方向に広げていくイメージです。

自分の才能や能力を発揮している人は「開放の窓」が大きい傾向があるとされています。逆に人からはよくわからない人と思われたり、自分のことを客観的に分析できていない人は、他人とのコミュニケーションが円滑にできていない可能性があります。

周囲にいるコミュニケーション能力が高い人を思い浮かべてみてください。その人は自分のことをよく話し、他人からの苦言を聞き入れるような素直さをもっていないでしょうか。

「開放の窓」を広げればコミュニケーションがうまくいく

	自分が知っている	自分が知らない
他人が知っている	**開放の窓** 自分も他人も 知っている自分	**盲点の窓** 自分は知らないが 他人は知って いる自分
他人が知らない	**秘密の窓** 自分は知っているが、 他人が知らない自分	**未知の窓** 自分も他人も 知らない自分

開放の窓を広げるためにするべきこと

- 自分のことを他人に話す（＝「秘密の窓」を狭くする）
- 他人に自分のことを聞く（＝「盲点の窓」を狭くする）
- 新しいことに挑戦する（＝「未知の窓」を狭くする）

CAN-DO
- □ 相手との関係性をより深めることができる
- □ コミュニケーション能力アップの糸口がわかる

明確な目標設定ができる「SMARTの法則」

目標を達成したいなら具体的な目標を立てることが大事

お正月に「今年は痩せる！」「今年は資格を取る！」などと新年の抱負を述べたことがあるのではないでしょうか。しかし、これは正しい目標設定とはいえません。具体的に「何kgやせたいのか」「何の資格を取りたいのか」がはっきりしないからです。

では、正しい目標設定には何が必要なのでしょうか。そのために必要な要素を簡潔に示したのが「SMART（スマート）の法則」です。

- **Specific（具体的に）**……誰でもわかる明確で具体的な表現や言葉で目標を設定する
- **Measurable（測定可能な）**……本人だけでなく第三者が進捗状況がわかるように定量化できる目標にする
- **Agreed upon（同意できる）**……目標があまりにも高すぎると、チャレンジをする前から意欲を失ってしまい、あまりにも達成が簡単な目標でも意欲が上がらなくなってしまう。その意味では、頑張れば達成可能な目標を設定することが大切になる
- **Realistic（現実的な）**……現実的な成果をもたらす、意味のある目標を設定する
- **Time-bound（期限がある）**……いつまでに目標を達成するか、その具体的な期限を設定する

この5つの条件を備えた目標を設定することで、目標達成に向けて具体的に動きやすくなり、設定された目標を達成しようと意欲的に取り組みます。抽象性を排除し具体性の高い目標を設定することが、成功率のアップにつながるというわけです。

正しい目標を設定するときは5つの要素を盛り込む

S	Specific	→ 具体的な目標
M	Measurable	→ 測定可能な目標
A	Agreed upon	→ 達成可能な目標
R	Realistic	→ 現実的な目標
T	Time-bound	→ 期限がある目標

「SMARTの法則」で考える良い目標と悪い目標

例 やせようと決めたときの目標

✕ 5kgやせる

「いつやるのか、なぜやるのか」が明確でなく、
「いつまでに」という期限が設定されていない。

〇 結婚式がある3カ月後までに5kgやせる

目的が明確で、期限もはっきりしている。
このように目的がはっきりしていると達成する可能性が高い。

例 英語の勉強をしようと決めたときの目標

✕ 英語をネイティブ並みに話せるようになる

期限がはっきりしておらず、測定が難しいうえ、
現実的な目標であるかも怪しい。

〇 前回600点だったTOEIC、次回700点を目指す

期限がはっきりしており、点数というわかりやすい指標があり、
かつ頑張れば達成可能な目標である。

! 考えるポイント
現実的な目標でなければ、やる気が出ない。
まずは「現実的な目標(R)」かを確認しよう

CAN-DO
- □ 具体的な目標設定ができるようになる
- □ 適切な目標を設定することで目標達成の確度が上がる

職場環境の維持·改善のための「5S」

日本で生まれた職場環境の維持·改善のスローガン

「5S」は、製造業やサービス業などで用いられる職場環境の維持・改善のための日本で生まれた考え方です。それゆえ「5S」の頭文字は、日本語の言葉をローマ字にしたときの頭文字を取ったものになっています。

- **整理（Seiri）**……要るものと不要なものを区別して、要らないものは捨てる
- **整頓（Seiton）**……必要なものをすぐ取り出せるような状態にしておく
- **清掃（Seisou）**……汚れをなくし、ゴミ・ホコリを掃除してきれいにしておく
- **清潔（Seiketsu）**……整理・整頓・清掃を維持し、環境を清潔に保つようにする
- **躾（Sitsuke）**……決められたルールや手順を守る習慣をつけること。職場や自分自身に「整理」「整頓」「清掃」「清潔」をしっかりできるように習慣化する

ビジネスパーソンが勤務中に「探しもの」をしている時間を積算すると、年150時間も費やしているという調査結果があります。1日の勤務時間が8時間だとすれば、年間18日以上を探しものに費やしているのです。**「5S」を習慣化すれば、勤務中のムダな時間を減らし、生産性向上＝業績向上にもつながります。**ただし「5S」を几帳面に実行するあまり、本業よりも「5S」に多くの時間を費やすような本末転倒に陥らないように注意しましょう。

「5S」を実行するだけで職場は変えることができる

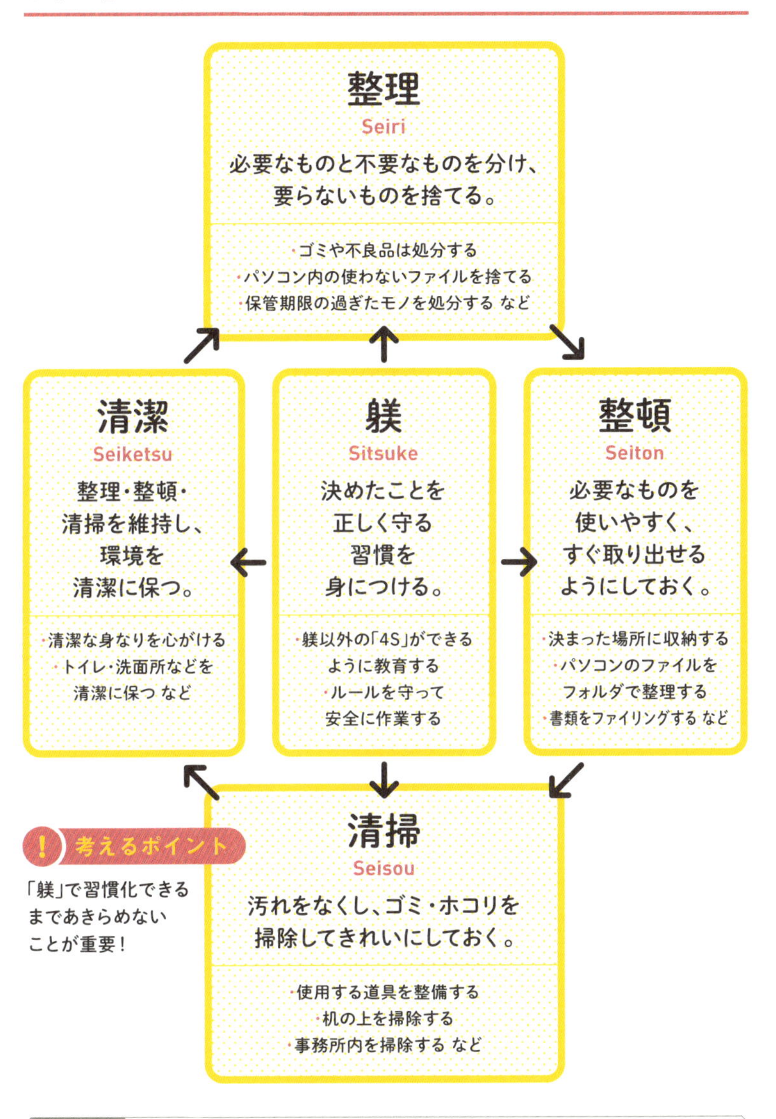

CAN-DO
- □ 時間のムダをなくし、生産性を高めることにつながる
- □ 働きやすい職場環境を整備することができる

Column

気をつけたい思考のクセ⑥「内集団バイアス」

内集団（ないしゅうだん）バイアスとは「自分たち（内集団）は優れている」と思う傾向のことをいいます。その背景には、外集団（がいしゅうだん）と比較して内集団を高く評価することで、間接的にその集団に属している自分の自尊心を満たす効果があるからでしょう。

それゆえに「内集団バイアス」が強すぎると、自分たち以外の「外集団」に対して排他的になる傾向があります。

たとえば、自社がヒット商品を出したら「自分たちが優秀だから」と考えるのに、競合がヒット商品を出すと「彼らが優秀だから」とは考えずに「運に恵まれただけ」といったように考えがちです。「内集団」をひいき目で見てしまう人は、自分が得たい結論を導き出せるようにそもそも不公平な比較をしていないでしょうか。

・内集団が好ましい結果を出せた原因は内集団にあると考えるが、好ましくない結果の原因は内集団とは無関係と考える
・外集団が好ましい結果を出した原因は外部要因にあると考えるのに、好ましくない結果の原因は外集団にあると考える

ビジネスにおける「内集団バイアス」の弊害は、自分たちと競合の差を正しく測定できなくなることです。「ベンチマーキング」（P108）のように、競合の優れている部分を模倣するような試みもできなくなってしまい、結果としてスピーディーな成長を妨げることにもつながりかねません。

自分の家族、学校、会社など、自分が属している集団をひいき目に見てしまうのは仕方がないことです。一方で「内集団バイアス」があることを認識して、内集団を客観的に見ようとする姿勢を併せもつことも大切です。

Part 8

より効果的にフレームワークを活用する

ツールを組み合わせる&比較して選ぶ

「3C」⇒「SWOT&TOWS分析」⇒「4P」で統合的な戦略を立案する

フレームワークを組み合わせて統合的な戦略を練る

ビジネスを始めるとなれば、さまざまなことを考えなければいけません。それぞれのフレームワークは特定のことを解決する際には便利です。しかし、網羅的にヌケ・モレなく考えたいときは、いくつかのフレームワークを使う必要が出てくるので、**フレームワークの組み合わせを「型」として身につけると、さまざまなシーンで応用できるので便利です。**

たとえば、「3C分析」(P24)⇒「SWOT分析」(P26)⇒「TOWS分析」(P26)⇒「4P」(P74)の組み合わせです。

まず、「3C分析」で「市場」と「顧客」について把握し、自社についても考えます。そして、「3C分析」で得られた結論を生かしながら「SWOT分析」を行い、「TOWS分析」に落とし込んで、「SO戦略」「ST戦略」「WT戦略」「WO戦略」の4つから最適な戦略を選択します。こうして基本戦略を決定したら、その戦略に合わせたかたちで「4P」を使ってマーケティング戦略を組み立てていくのです。このようにフレームワークを組み合わせることで、フレームワーク単体で考えるよりもより深い洞察が可能になります。

もし、これらを関連づけずにバラバラに分析していたら、首尾一貫した戦略にはならないでしょう。場合によってはそれぞれのフレームワークで得られた結論に不整合が生じて、実際にどう行動を起こせばいいのか混乱するかもしれません。しかし、得られた結論を使って次のフレームワークを考えていくことで、より頭の中を整理でき、統合的な戦略立案が可能になるのです。

「3C分析」から「4P」までの手順を「型」として覚える

STEP1 3C分析(P24)
顧客分析(Customer)
競合分析(Competitor)
自社分析(Company)
やるべきこと
3Cを分析することで取り巻く環境を把握する。
「自社」はSWOT分析で深堀りする。
STEP2 SWOT分析(P26)
内部要因(自社分析)
S Strengths(強み)
W Weaknesses(弱み)
外部要因
O Opportunities(機会)
T Threats(脅威)
やるべきこと
自社の営業力、人的資源などを分析し、
自社の強みと弱み(内部要因)、機会と脅威(外部要因)を探る。
STEP3
TOWS分析(P26)
内部要因
S
W
外部要因
O
SO戦略(S×O)
WO戦略(W×O)
T
ST戦略(S×T)
WT戦略(W×T)
やるべきこと
4つの戦略について考えてみて、将来を見据えながら
自社にとって最適なものを選択する。
STEP4 4P(P74)
商品・サービス戦略
(Product)
価格戦略
(Price)
流通チャネル戦略
(Place)
プロモーション戦略
(Promotion)
やるべきこと
STEP3で選択した基本戦略に基づいた、
統合的なマーケティング戦略を策定する。
CAN-DO
☐ 組み合わせによって統合的な戦略立案ができる
☐ フレームワーク間の整合性を確認しやすくなる

「PEST分析」で「SWOT分析」の機会と脅威を導き出す

「PEST分析」を行えば、外部環境の現状が見えてくる

146ページでは「3C」⇒「SWOT分析」⇒「TOWS分析」⇒「4P」で分析する「型」について説明しましたが、「SWOT分析」における「O（機会）」と「T（脅威）」について、より詳細に分析したい場合に「PEST分析」（P60）の各要素について情報を収集し、外部環境を整理して把握することが役立ちます。

カフェを新規開店したいAさんは、「SWOT分析」で内部環境に関する「S（強み）」「W（弱み）」について次のように考えました。

- 「**S**（強み）」⇒競合とは一線を画すおいしいコーヒー
- 「**W**（弱み）」⇒競合よりも価格が高い

しかし、外部環境に関する「O（機会）」と「脅威（T）」は、はっきりしませんでした。そこで、「PEST分析」を用いて、自分ではどうにもできない外部要因を挙げ、カフェへの影響を考えました。

- 「**P**（政治的要因）」⇒消費税率のアップ
- 「**E**（経済的要因）」⇒落ち込み始めた国内景気の動向
- 「**S**（社会的要因）」⇒商圏内の20～30代の急速な人口減少予測
- 「**T**（技術的要因）」⇒キャッシュレス決済の急速な普及

これをヒントに「O（機会）」「脅威（T）」を次のように考えました。

- 「**O**（機会）」⇒商圏内の中高年層は大きく減少しない、キャッシュレス決済の増加
- 「**T**（脅威）」⇒消費増税による景気悪化、20～30代の人口減少

この結果を146ページのように「TOWS分析」へつなげて、戦略を考えていくのです。

外部要因を「PEST分析」で分析する

SWOT分析(P26)

内部要因（自社分析）	**S** Strengths（強み）	**W** Weaknesses（弱み）
	自社の強みは何か？ 例）競合とは一線を画すおいしいコーヒー	自社の弱みは何か？ 例）競合よりも価格が高い
外部要因	**O** Opportunities（機会）	**T** Threats（脅威）
	自社に有利になる外部要因は何か？ ？	自社の不利になる外部要因は何か？ ？

PEST分析(P60)

P Political（政治的要因）	**E** Economic（経済的要因）
消費税率のアップ	落ち込み始めた国内景気の動向
S Social（社会的要因）	**T** Technological（技術的要因）
商圏内の20～30代の急速な人口減少予測	キャッシュレス決済の急速な普及

- 「O（機会）」⇒ 商圏内の中高年層は大きく減少しない、キャッシュレス決済の増加
- 「T（脅威）」⇒ 消費増税による景気悪化、20～30代の人口減少

CAN-DO

- □ 「PEST」で「SWOT分析」の外部要因が見えてくる

「5F分析」で外部環境を分析して競争戦略を選択する

「5F分析」「ポーターの3つの基本戦略」で戦略を決める

脱サラしてドッグカフェの開業を考えているAさんは、開業前にどのようなカフェを開業すべきかを考えました。そこで「5F分析」（P56）を使って外部環境を分析しました。

出店エリア周辺は、ファストフード店やファミリーレストランのほかにカフェが数軒あり「**業界内の脅威**」はあるものの、ドッグカフェの顧客層とは競合しないため「**買い手の交渉力**」は小さいと判断しました。ドッグカフェを代替するものは思い当たらないため「**代替品の脅威**」についても大きくはありません。しかし、食材が値上がり傾向にあり、「**売り手の交渉力**」は高まっています。また、周辺エリアには大きな公園があり、犬を散歩させる人が多いことから「**新規参入の脅威**」は少なからずあると考えています。分析の結果、Aさんはこのエリアで出店（新規参入）する価値があると判断しました。

そこでどのような戦略を取るべきかを「ポーターの3つの基本戦略」（P64）を使って考えました。

ドッグカフェは「犬好きの人」という特定の人を対象にすることや、周辺に直接的なライバルとなるドッグカフェがないため、「コストリーダーシップ戦略」をとって必要以上に低価格にする必要はないと判断。**同商圏内にはないドッグカフェをウリにするため、「差別化集中戦略」を選択しました。**具体的には、犬のための遊具、犬用メニューを充実させるほか、犬好きの人が集まって交流が生まれるようなレイアウトにして商圏内にある他のカフェとは圧倒的な違いを出すことにしました。

「5F分析」⇒「ポーターの3つの基本戦略」を実践する

5F分析(P56)で外部環境を分析する

中 新規参入の脅威
公園があり犬の散歩をする人が多いうえ、空き店舗もあるため新規参入の可能性はある。

大 売り手の交渉力
コーヒー豆の価格、犬用メニューの食材が上昇傾向にある。

中 業界内の競合
周辺にファストフード店やカフェが数軒ある。競合が犬との入店を許可する可能性もある。

小 買い手の交渉力
現状、犬と一緒に入店できる飲食店が周辺にないため、「買い手の交渉力」は小さい。

小 代替品の脅威
とくに見当たらない

結論 犬と一緒に入れるカフェがないので新規開店するには魅力的。

ポーターの3つの基本戦略(P64)で競争戦略を決める

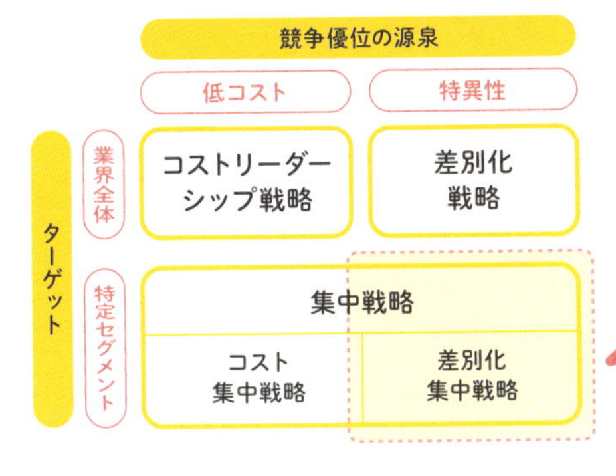

結論 カフェのなかでもドッグカフェという「特定セグメント」で勝負するので「集中戦略」に。なかでも、ドッグカフェという特定市場で、高い質のサービスを提供したいので「差別化集中戦略」をとることにした。

CAN-DO
☐ 外部環境の分析をもとに競争戦略を決定できる

自分視点と相手視点からマーケティング戦略を考える

売り手視点の「4P」と買い手視点の「4C」は裏表

かつてのモノがない時代にはつくれば売れましたが、モノがあふれるようになると、顧客の要求レベルも高くなり、つくれば売れるような時代ではなくなりました。

Part5で紹介した「4P」（P74）は売る側の視点、「4C」（P76）は買う側の視点からマーケティング戦略を考えるために用いられるフレームワークです。もともとあった売り手視点の「4P」に対し、買い手視点が重視されるようになったことで「4C」が生まれました。「4C」と「4P」は、各要素が以下のように対応しています。

・商品やサービス（Product）と顧客価値（Customer value）
・価格（Price）と顧客のコスト（Cost）
・流通チャネル（Place）と顧客の利便性（Convenience）
・プロモーション（Promotion）とコミュニケーション（Communication）

たとえば、同じ富士山を見るとき、Aさんは静岡県側から、Bさんは山梨県側から見れば、印象が異なるのは当然です。ただし、どちらの意見も事実をもとにしており間違いではありません。

ビジネスでも売り手（自分）視点で「どのように売ればいいのか」を考えるだけでなく、買い手（顧客）視点で「どんな商品が欲しいのか」という視点をもてば見えなかったものが見えてきます。

たとえば、開発した商品を「1万円で売りたい」と思っても、消費者目線で考えると「1万円だと高いから買わない」という結論になるかもしれません。たとえ同じ人でも目線の違いで異なる結論になることもあるので、双方の視点で考えるようにしたいものです。

カフェ開店を「4P」と「4C」で考えてみる

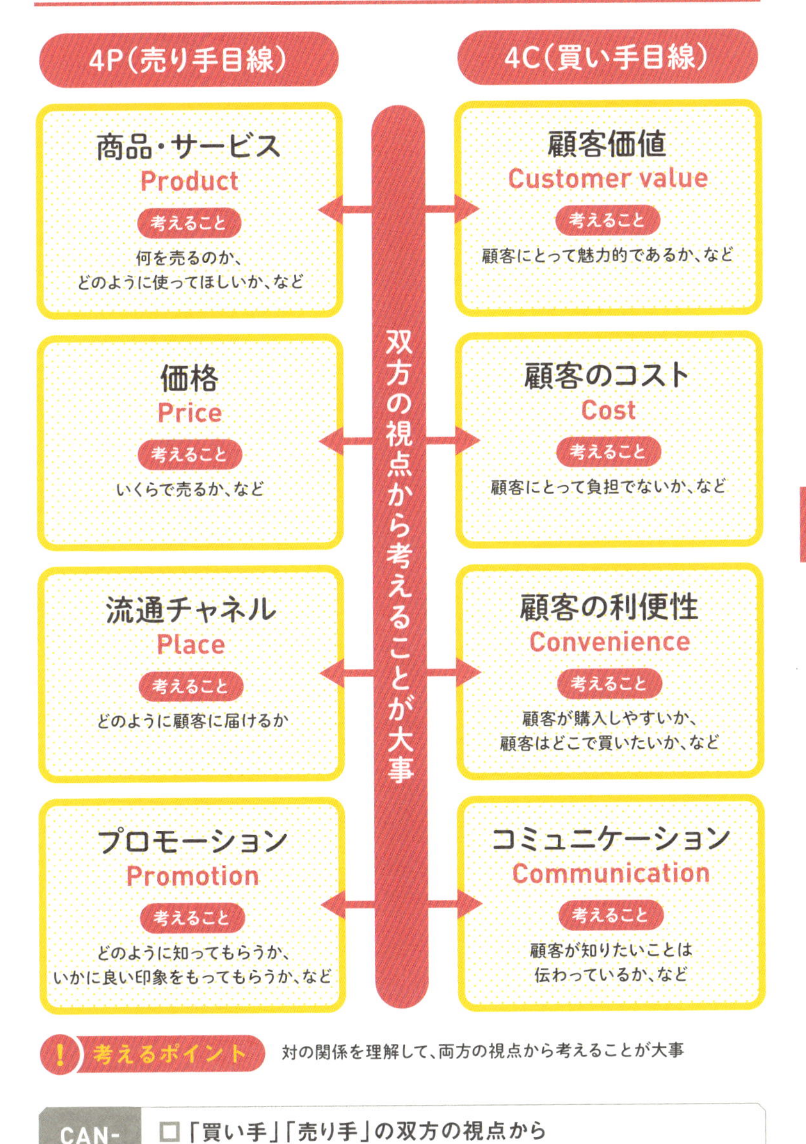

! 考えるポイント　対の関係を理解して、両方の視点から考えることが大事

CAN-DO
□「買い手」「売り手」の双方の視点から
マーケティング戦略を考えることができる

「STP分析」⇒「4P」で新商品のマーケティング施策を考える

知っておくと汎用性がある「STP分析⇒4P」の「型」

たとえば、カフェで新しいメニューを開発したいときに、直感だけではなく、「STP分析」(P70)⇒「4P」(P74)の組み合わせで考えることで、より緻密な戦略を練ることができます。

まず、「STP分析」を使って、カフェに来る顧客層を細分化し(セグメンテーション)、全体像を把握します。たとえば、若い女性が少ないことが判明したので「若い女性ウケするメニュー」を開発することを決めた(ターゲティング)とします。そこで、従来のメニューにどんな新メニューを加えればいいのかを考えます(ポジショニング)。このときに既存メニューを「ポジショニングマップ」(P68)に落とし込んでみると、よりどんなメニューがいいのかが見えてくるでしょう。

新メニューの候補がいくつか挙がったら、それまで考えてきたことと不整合にならないように「4P」を使ってマーケティング施策を考えていきます。そのメニューが「どんな製品か」「利益が出る価格設定か」「買いやすいか(あえて買いづらくするか)」「お客さまにどう知ってもらうか」などを考えていくのです。

このとき、**「STP分析」と「4P」で整合性がなければいけません。** たとえば、どうしても低価格で提供できないなどの不整合があれば、安く提供できるメニューに変更したり、インスタ映えしないのなら食材にもっと工夫を凝らすなど、各要素を調整するのです。

152ページのように買い手(お客さま)目線の「4C」で、そのメニューについて考えれば、「4P」とは違う気づきを得られるかもしれません。

新商品開発でカフェに新しい顧客を呼び込む

STP分析(P70)で勝負できる立ち位置を見つける

S **Segmentation** セグメンテーション(市場細分化)

例)来店したお客様のデータを1カ月間とり、性別・年齢で分類。

T **Targeting** ターゲティング(狙う市場の決定)

例)セグメンテーションで「20代女性」が少ないことが判明。
その層を増やすためのメニュー開発を決定。

P **Positioning** ポジショニング(立ち位置の明確化)

例)既存メニューを「価格」と「インスタ映え」の2軸でポジショニングマップに落とし込んで分析。

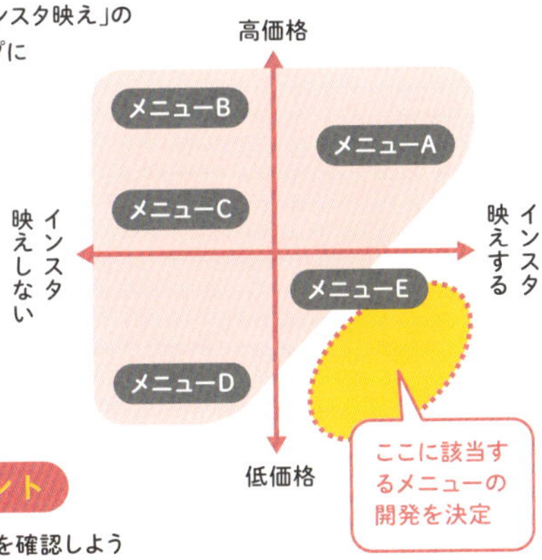

↓

かわいいぬいぐるみのようなシュークリームを開発する

高価格
メニューB
メニューA
メニューC
インスタ映えしない
インスタ映えする
メニューE
メニューD
低価格
ここに該当するメニューの開発を決定

! 考えるポイント
ここに不整合がないかを確認しよう

4P(P74)でマーケティング施策を考える

- 商品 サービス(Product) …… 若い女性が好きなインスタ映えする見映えのいい商品
- 価格(Price) …… 1個300円と少し高めだが、割高感はないと判断
- 流通チャネル(Place) …… 店舗のみの販売。店内では大々的にPRする
- プロモーション(Promotion) …… インスタ投稿にはクーポン。写真の拡散に期待

! 考えるポイント 「STP分析」と「4P」に不整合がないかを確認しよう

CAN-DO
- □ ターゲットに合わせた商品・サービスが見えてくる
- □ 目的に合わせたマーケティング施策の立案ができる

付録①：まだあるマーケティング・フレームワーク+10

AIDEES（アイデス）	ソーシャルメディアなどで個人が発信した情報が販売に影響を及ぼすことを示した新しいフレームワーク。「Attention（注意）→Interest（関心）→Desire（欲求）→Experience（購入・体験）→Enthusiasm（熱意・心酔）→Share（情報共有）」で、消費者の購買行動プロセスを説明する。
AISCEAS（アイシーズ）	「AISAS」に「Comparison（比較）」と「Examination（検討）」を追加したネット時代のフレームワーク。Attention（注意）→Interest（関心）→Search（検索）→Comparison（比較）→Examination（検討）→Action（購買）→Share（情報共有）で説明される。
DECAX（デキャックス）	コンテンツを発信して消費者のニーズを喚起し、最終的には購買だけでなくファンになってもらうことを目指すコンテンツマーケティングの消費行動モデル。Discover（発見）→Engage（関係構築）→Check（確認）→Action（行動）→eXperience（体験）で消費行動を説明する。
AFLAR（アフラー）	「AISAS」の各プロセスを細分化して体系化した、ECにおける消費者の購買行動モデル。Attention（認知）→Feeling（感情）→Logical（検証）→Action（行動）→Relationship（取得）の5段階をさらに細分化し、10の消費行動を結び付けているのが特徴。
VISAS（ヴィサス）	ソーシャルメディアを活用する消費者の購買行動モデル。Viral（口コミ）→Influence（影響）→Sympathy（共感）→Action（購買）→Share（共有）の5段階で構成される。「口コミ」が消費行動の起点になっていることからもわかるように「口コミ」を重視する考え方といえる。
Dual AISAS（デュアルアイサス）	「AISAS」を発展させたSNS時代の消費行動モデルで、「AISAS」に加え、Activate（起動）→Interest（興味）→Share（共有）→Accept（受容）→Spread（拡散）からなる、「広めたい」という消費者の欲求を、もうひとつの「AISAS」として加えた消費行動モデル。
AARRR（アー）	Acquisition（誘導）→Activation（活性化）→Retention（継続利用）→Referral（紹介）→Revenue（収益化）で示される、ユーザーから得たデータを分析、改善してマーケティングの課題を解決する「グロースハック」に関する顧客の行動モデル。
カスタマージャーニー	ペルソナ（企業が提供する製品・サービスにとって最重要で象徴的な顧客モデル）を設定し、行動・思考・感情の動きを時系列で見える化することで、顧客目線で発想するフレームワーク。顧客ニーズは複雑化しているが、特定の顧客層（ペルソナ）に対し、きめ細かな戦略立案が可能になる。
RFM分析	Recency（最近の購入日）、Frequency（来店頻度）、Monetary（購入金額ボリューム）の3つの指標で顧客をランク付けする手法。顧客を優良顧客、新規顧客、安定顧客などに分類することで、セグメントごとにプロモーション施策を考えることができる。
ULSSAS（ウルサス）	SNSでの投稿や商品レビューなどのユーザー参加型コンテンツ（UGC）で認知させること起点に、Like（いいね！）→Search1（SNS検索）→Search2（Google/Yahoo!検索）→Action（購買）→Spread（拡散）で説明されるSNSマーケティングのフレームワーク。

付録②：まだあるアイデア発想フレームワーク+10

6W2H	「5W1H」(P118)に「Whom(だれに：ターゲット)」と「How much(いくら：価格戦略)」を追加したもの。8項目で考えることでより具体的なアイデアを考えることができる。「5W1H」と同様に、情報伝達の際にも役立てることができる。
PMI法	プラス(Plus)、マイナス(Minus)、興味(Interest)の頭文字をとったフレームワーク。ブレインストーミングなどで出されたアイデアを評価する際に、3つの視点からアイデアを評価することで、新たな視点やアイデアを発見することができる。
SUCCESs(サクセス)の法則	プレゼンテーションや対話で、相手に強く印象付けるために重要な6つの要素で「Simple(単純明快)」、「Unexpected(意外性)」、「Concrete(具体的)」、「Credible(信頼性)」、「Emotional(感情)」、「Story(物語性)」をまとめたフレームワーク。
TRIZ(トゥリーズ)	膨大な特許情報を分析した結果から導き出した旧ソ連生まれの発想法。「オズボーンのチェックリスト」(P90)のように、「発明原理」と名付けられた40のキーワード(「分けよ」「離せ」「一部を変えよ」など)を手掛かりにアイデア出しをしていき、新しいアイデアを着想する。
アンチプロブレム	検討したいテーマとは逆のテーマの解決法を考え、その逆を行うことで本来のテーマの解決を目指す発想法。たとえば「子どもが欲しがる鉛筆」がテーマなら、「子どもが欲しがらない鉛筆」のアイデアを出し、それとは反対のことをすることで本来のテーマのアイデアにつなげていく。
希望点列挙法	「こうしてほしい」「こうだったらいいのに」と希望や要望を列挙して、どうすれば実現できるかを考えることで発想する手法。①課題を出す➜②参加者が対象物の希望点を挙げる➜③列挙された希望点から重要なもの選ぶ➜④それらを元に実現しそうなアイデアを考える。
逆設定法	無理やり常識外れのアイデアを出すことで、常識を超えたアイデアの発想を目指す手法。①課題を挙げる➜②課題に関する常識を「仮説」として列挙する➜③仮説を逆転させる➜④逆転させた仮説を前提にしてアイデアを発想していく。
欠点列挙法	元となるアイデアや商品・サービスの問題点を挙げて、改善する方法を考える手法。①課題を出す➜②参加者が対象の欠点を挙げる➜③列挙された欠点から重要なものを選ぶ➜④それらを元に欠点を補ったり、改善するアイデアを発想する。具体的なアイデアを発想しやすいのがメリット。
刺激ワード法	テーマとは無関係な言葉の組み合わせから刺激を得て、発想の糸口を生み出す手法。たとえば「新しい文房具」について考えるときに「中国」「カレー」「エビ」「ホテル」など、無関係と思われる言葉を組み合わせて連想してアイデア発想につなげる。
プロコンリスト(プロコン表)	賛成を意味するラテン語の「pro(プロ)」と、反対を意味するcon(反対)が名称の由来になっている。検討する議題に対して賛成意見と反対意見を列挙したのち、重要度などを加味しながら賛成意見と反対意見について検討を進めていき、それぞれの意見の採用・不採用を決めていく。

Index

さ行

た行

な行

は行

ま～わ行

■ 問い合わせについて

本書の内容に関するご質問は、下記の宛先までFAXまたは書面にてお送りください。
なお電話によるご質問、および本書に記載されている内容以外の事柄に関するご質問にはお答えできかねます。あらかじめご了承ください。

〒162-0846
東京都新宿区市谷左内町21-13
株式会社技術評論社　書籍編集部
「60分でわかる!　ビジネスフレームワーク」質問係
FAX:03-3513-6167

※ご質問の際に記載いただいた個人情報は、ご質問の返答以外の目的には使用いたしません。
また、ご質問の返答後は速やかに破棄させていただきます。

60分でわかる! ビジネスフレームワーク

2019年5月24日　初版　第1刷発行
2019年7月11日　初版　第2刷発行

著者……………………ビジネスフレームワーク研究会
監修……………………松江英夫

発行者…………………片岡　巌
発行所…………………株式会社 技術評論社
東京都新宿区市谷左内町 21-13
電話……………………03-3513-6150　販売促進部
03-3513-6160　書籍編集部
編集……………………有限会社バウンド
担当……………………橘　浩之
装丁……………………菊池　祐（株式会社ライラック）
本文デザイン・DTP…山本真琴（design.m）
製本／印刷……………大日本印刷株式会社

ISBN978-4-297-10467-2 C3055
Printed in Japan